“十三五”应用型人才培养规划教材

建筑设计初步

程新宇　柴宗刚／主编

清华大学出版社
北京

内容简介

本书全面地讲解了建筑设计方面的基础概念和基本原理。全书共有七章，对建筑及其相关概念、发展历程做了全面梳理，主要内容包括建筑概述、建筑形态构成、建筑表现技法、建筑模型、建筑设计、建筑空间和建筑方案设计方法入门。

本书可作为本科、高职高专建筑相关专业的教材，也可作为各类培训班、建筑设计从业人员和设计爱好者的参考用书。

图书在版编目（CIP）数据

建筑设计初步/程新宇，柴宗刚主编. —北京：清华大学出版社，2018（2023.8重印）
（"十三五"应用型人才培养规划教材）
ISBN 978-7-302-48759-3

Ⅰ. ①建… Ⅱ. ①程… ②柴… Ⅲ. ①建筑设计－高等学校－教材 Ⅳ. ①TU2

中国版本图书馆 CIP 数据核字(2017)第 272207 号

责任编辑：张龙卿
封面设计：墨创文化
责任校对：赵琳爽
责任印制：宋　林

出版发行：清华大学出版社
网　　址：http://www.tup.com.cn，http://www.wqbook.com
地　　址：北京清华大学学研大厦 A 座　　**邮　　编**：100084
社 总 机：010-83470000　　**邮　　购**：010-62786544
投稿与读者服务：010-62776969，c-service@tup.tsinghua.edu.cn
质量反馈：010-62772015，zhiliang@tup.tsinghua.edu.cn
课件下载：http://www.tup.com.cn，010-62770175-4278
印 装 者：北京鑫海金澳胶印有限公司
经　　销：全国新华书店
开　　本：185mm×260mm　　**印　　张**：12.75　　**字　　数**：291 千字
版　　次：2018 年 4 月第 1 版　　**印　　次**：2023 年 8 月第 6 次印刷
定　　价：45.00 元

产品编号：076742-02

前　言

习近平总书记在党的二十大报告中指出：教育、科技、人才是全面建设社会主义现代化国家的基础性、战略性支撑；必须坚持科技是第一生产力、人才是第一资源、创新是第一动力；深入实施科教兴国战略、人才强国战略、创新驱动发展战略，这三大战略共同服务于创新型国家的建设。

“建筑设计初步”课程作为了解建筑的开端，涉及建筑创作观念、方法的启蒙教育，意义深远。传统的教学内容可概括为两个层面：理论层面介绍建筑的历史演进、功能类型、空间形态和结构体系；实践层面讲述建筑的设计方法、构造做法和表现技法。伴随时代的发展，建筑的内涵与外延都有了更深层次和更大范围的拓展，上述内容已不足以涵盖建筑学领域。本书在已有基础上做了进一步的挖掘、探索。

“建筑设计初步”课程是建筑设计、装饰设计以及园林景观类专业学生的专业基础课。本书在编写过程中以理论联系实际和精练、实用为原则，注重基础性、广泛性和前瞻性，注重培养学生的实际动手能力；采用大量的图例，理论阐述深入浅出；依据职业岗位对建筑设计人才培养的要求，通过大量的实训练习题训练学生的基本设计能力。

新的“建筑设计初步”课程教学体系的建立，是对本课程的过去、现在和未来进行全方位研究的过程，是把建筑设计理念和应用通过课堂教学方式进行传播的最佳手段。系统、全面地认知、理解并掌握建筑设计的基本理论和设计方法，可为专业后续课程的开展奠定良好的基础。

本书在编写过程中参阅了大量的专业文献和设计图例，在此向有关作者一并表示真诚的谢意。

本书由程新宇、柴宗刚担任主编，谢珂、随欣担任副主编。

由于“建筑设计初步”是一门涵盖多学科领域的课程，加之编者水平有限，书中难免有错误和欠妥之处，敬请广大读者和相关专业人士批评指正。

编　者

2023年1月

目录

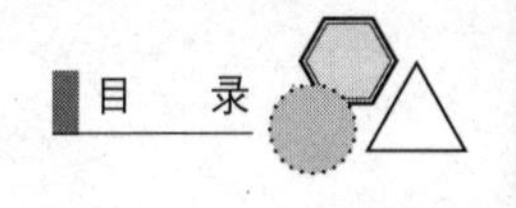

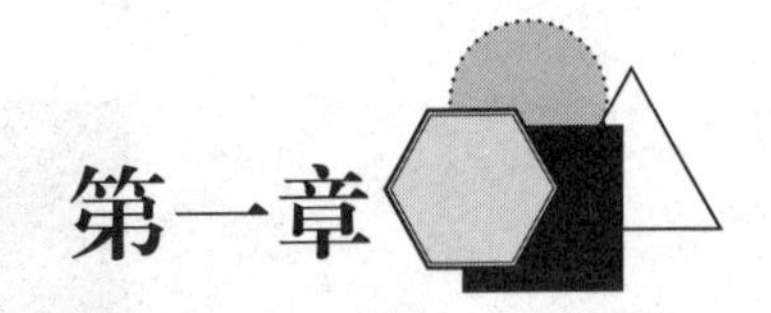

第一章

建筑概述

谈到建筑，大家会联想到古今中外一些著名的建筑，如北京故宫的三大殿：太和殿、中和殿和保和殿，上海标志性建筑——上海环球金融中心以及上海中心大厦，埃及胡夫金字塔，迪拜哈利法塔等。这些建筑之所以举世瞩目，是因为它们在建筑史上留下了重要的足迹，建筑形象和设计手法因其具有鲜明的个性和独特的魅力而深入人心。

学习建筑，我们首先从了解建筑的内涵开始。

第一节　建筑的内涵

有人认为建筑和房子是两个相同的概念，其实两者之间有着密切的联系，但内涵却不同。我们可以从四个方面进行分析：从单体建筑的角度看，北京天坛、地坛，罗马大角斗场、万神庙，法国巴黎圣母院等，都是世界著名的建筑，不是房子；从园林建筑的角度看，苏州拙政园中的荷风四面亭、小飞虹、见山楼等，都是苏州著名的园林建筑，不是房子；从构筑物的角度看，桥梁和水塔不是房子，而是建筑；从建筑规划的角度看，建筑群的规划不仅仅是简单地对若干房子的规划，还要考虑建筑所处地域的历史、文化、地理环境和气候条件等因素。总之，建筑不仅仅是房子，但房子一定是建筑。

建筑的内涵比较广，概括地讲，有以下几个方面。

一、建筑是庇护所

庇护所是建筑最原始的含义。所谓庇护所，是指可以让人们免受恶劣天气和野兽及敌人侵袭的场所。在原始社会时期，原始人类改造自然的能力极其低下，居住在天然洞穴之中。洞穴就是原始人类的庇护所，是原始人类躲避风、霜、雨、雪的场所。洞穴是最原始的居住空间——穴居，该生活方式主要集中在当时黄河流域的黄土地带。

二、建筑是由实体和虚无组成的空间

建筑从空间的角度上讲，有建筑内环境和建筑外环境之分。建筑内环境中的实体是指门、窗、墙体、柱子、梁、板等结构构件，建筑内环境中的虚无是实体部分所围合的部分。建筑外环境是若干栋建筑所围合形成的空间环境，包括植物、道路、水体、景观设施等要素，是“虚”的空间，而若干建筑是实体部分，如图 1-1 和图 1-2 所示。

图 1-1　苏州博物馆新馆的内环境

图 1-2　2010 年上海世博演艺中心的外环境

三、建筑是由三维空间和时间组成的统一体

无论是建筑内部空间还是建筑外部形态，都有相应的长度、宽度和高度之分，这些构成了建筑的三维空间，从而使人们可以多角度、立体地观察建筑形象。时间作为建筑的另一载体，赋予了建筑更加深刻的内涵，如展览馆或博物馆中反映历史题材的展品，通过采用声、光、电等技术实现历史场景的再现，让观众有种身临其境的感受；再如，圆明园等建筑遗址成为时间和空间的载体，承载了中国晚清时期被英、法等八国联军侵略的历史，成为一部生动的历史教科书，如图 1-3 和图 1-4 所示。

图 1-3 八国联军侵华场景

图 1-4 圆明园遗存建筑

四、建筑是艺术与技术的综合体

从广义上讲，建筑设计属于艺术设计的范畴，主要反映在建筑表现上。对于建筑创作者而言，建筑表现应体现艺术审美的一般规律，符合人们的审美情趣，与设计主题紧密联系。同时，建筑创作也离不开技术支持，建筑技术为建筑艺术的实现提供支持，主要反映在建筑材料、建筑结构、建筑施工等方面的应用上。

上海东方明珠电视塔位于上海陆家嘴金融中心区域，塔高 468m，其建筑师是著名工程结构专家江欢成。建筑从外观上看，由 11 个大小不一的球体串联而成，其中两颗如同红宝石般晶莹夺目的巨大球体被高高托起，创造了“大珠小珠落玉盘”的意境，如图 1-5 所示。

迪拜市的伯瓷酒店又被称为阿拉伯塔酒店，总高 321m，有 56 层，采用双层膜结构建筑形式，极具现代特色。其设计师是来自英国的 W. S. Atkins。目前该酒店是世界上建筑高度排行较前的酒店，酒店外观仿佛一艘单桅三角帆船，位于波斯湾内的人工岛上，如图 1-6 所示。

图 1-5　上海东方明珠塔

图 1-6　阿拉伯塔酒店

五、建筑内涵的其他提法

“建筑是凝固的音乐。”这句名言由德国著名哲学家谢林提出，后人在此基础上补充道：“音乐是流动的建筑。”这两句话显示出建筑与音乐之间有许多相通或相似之处。例如，在建筑立面造型上讲究建筑元素的节奏感和韵律美，在音乐中运用节奏、旋律、强弱、装饰音等表达情感。

日本当代建筑大师安藤忠雄提出：“建筑是生活的容器。”人们生活不仅仅为了生存，还需工作、人际交往、健身、娱乐、学习等。如果将建筑比喻为“容器”，墙面和屋顶就是容器的外壳，建筑作为容器需要满足人们日常生活中的全部需求。

许多建筑师针对中国古代建筑发展特色，提出“建筑是一部木头的史书”。中国古代建筑主要以木结构建筑为主，其建筑类型涵盖了民居建筑、园林建筑、陵墓建筑、宗教建筑、宫殿坛庙建筑等。还有一些建筑学家根据西方建筑的发展特点，认为“建筑是一部石头的史书”。西方古代建筑是以砖石结构建筑为主，其建筑类型涵盖了纪念性建筑、宗教建筑、宫殿建筑、体育建筑、居住建筑、陵墓建筑等。这两种提法从两个不同侧面反映出建筑发展的特征。

关于建筑的内涵，现代建筑大师还有以下观点：法国著名建筑师、机械美学理论的奠基人勒·柯布西耶(1887—1965 年)提出“建筑是住人的机器”；美国建筑大师弗兰克·劳埃德·赖特(1867—1959 年)认为“建筑是用结构来表达思想的科学性艺术”等。

第二节　建筑的基本要素——适用、坚固、美观

古罗马伟大的建筑师维特鲁威在其所著的《建筑十书》中基于当时的社会经验和建筑理解，最早提出了建筑的三要素：适用、坚固和美观。以此体现了建筑的三个重要属性：

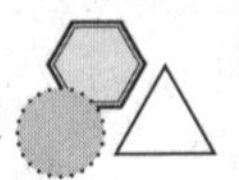

适用性、技术性和艺术性。时至今日，维特鲁威所建立的建筑学体系，仍然有着重要的参考价值。

随着人类文明的发展，建筑的适用性、技术性和艺术性不断被赋予更丰富的内涵。“适用性”不只局限于功能与流线的合理布置，还应考虑使用者生理、心理、行为需要，结合这些基本需要，来设计出更为人性化、更有本土味道的建筑；“技术性”不仅仅意味着结构体系的坚不可摧，还需要有安全保障，如给排水、采暖与制冷、照明与供电等现代设备为生产生活的安全、舒适提供稳定可靠的供给保障；建筑的艺术语汇不再局限于形式美法则（变化统一、均衡稳定、比例尺度、节奏韵律），而逐渐拓展到空间与形体对应的逻辑之美，精美结构与机械的技术之美，与自然融合的生态之美等。本节将分别从功能与流线、结构与构造和空间与形体三方面入手，对建筑的三要素进行新的诠释。

一、适用性——功能与流线

“适用”作为衡量建筑的主要标准，被解释为：“当正确无碍地布置供使用的场地，且按各自的功用以正确的朝向适当地划分这些场地后，就会达到适用的标准。”即“适用”是针对“功能”符合程度的评价。

（一）基本含义

建筑功能、建筑技术和建筑形象构成了建筑的基本构成要素。其中，建筑功能作为主导，决定着建筑的规模、形式甚至形象。建筑物根据使用性质可分为生产性建筑和非生产性建筑两大类。生产性建筑包括工业建筑（厂房等）、农业建筑（温室等）；非生产性建筑统称为民用建筑，包括居住建筑（住宅、公寓、别墅等）及公共建筑（教学楼、办公楼、剧院等）。

（二）传统意向与现代诠释

从古至今，建筑的目的无非是创建一种人工环境，供人们从事各种活动。原始社会中人们的生活活动相对简单，对建筑的需求停留在提供庇护所的层面上，因而建筑是否“适用”，其评判标准即是否避风雨、御寒暑、御敌及野兽。

随着社会的发展，建筑逐渐有了新的功能需求，建筑“适用性”的内涵日渐丰富。东方文明倾向于按照等级制度严格区分建筑的不同功能。自先秦时期开始，统治阶级的思想意识居于主导地位，传统建筑的形制和规模均成为社会等级制度的体现。往往通过限制建筑的规模、外部形式和装饰内容来明确建筑的功能和等级。其中最为显著的屋顶的样式即具有严格的等级划分。庑殿顶等级最高，歇山顶次之，然后依次为悬山顶、硬山顶和卷棚顶（图 1-7）。其中前两者只适用于皇宫贵族，故宫的太和殿采用的便是重檐庑殿顶；悬山顶、硬山顶多见于民间；卷棚顶则常用于园林中。

通过屋顶样式明确了自身的功能和地位之后，传统建筑以组群围合庭院的方式纵向展开，形成特有的空间序列和合理的功能与流线。以北京天坛为例（图 1-8），在“回”字形平面的布局基础上，用六个门及相应通道来组织祭祀活动的流线，其中一条南北向大道上有三个主体建筑，圜丘、皇穹宇和祈年殿。每逢祭祀，此大道不仅作为主要通道，同时结合三个主要建筑形成气势宏伟的场所，通过对皇权神力的渲染，达到“昭告天下”的祭祀目的。

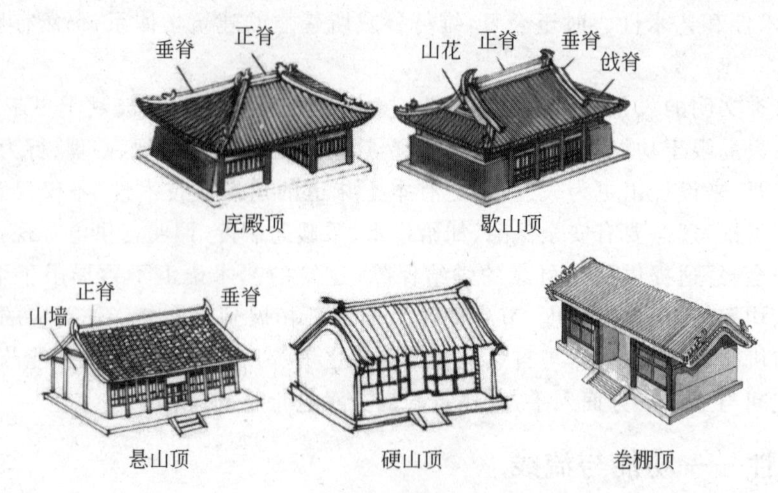

图 1-7　我国传统建筑屋顶等级划分

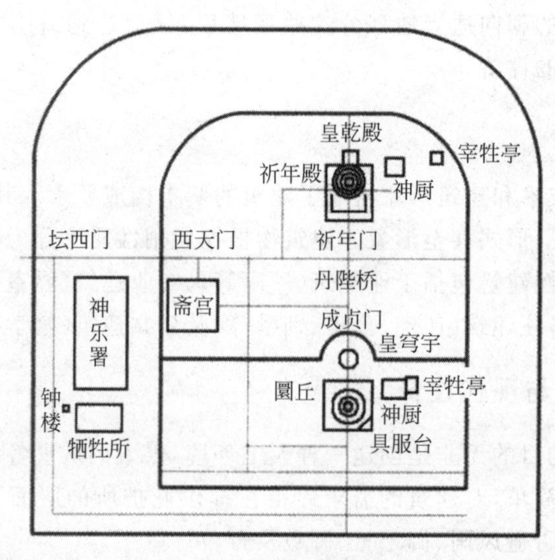

图 1-8　天坛平面示意图

再来看民居四合院(图 1-9),以内聚的姿态形式,折射出古人内敛的精神特质。伴随着社会、家庭生活内容的日益丰富,建筑中的功能区分也日趋复杂。这样的建筑采用院落形式,自东南隅进入,依次排布公共性的门房、厅堂,私密性的寝室、书斋、绣房,以及最为私密的祠堂(供奉神灵或祖先)等不同功能用房,形成由外而内、由动到静的空间序列。层层深入,带给人逐级加强的安全感,从而满足居住功能和心理需求。出于对健康生活的综合考虑,旱厕多置于庭院的西南角,避开东南—西北方向的主导气流,以免污浊的空气流进室内。

与中国古代注重于塑造群体建筑不同的是,西方建筑自古罗马时代自成体系之初即有较明确的建筑类型,单体建筑的塑造更为突出。在古罗马时期,欧洲人为了追求建筑的功能,大力推进建筑技术和艺术的发展。本着追求恒久建筑的目的,用石材和混凝土建成“巴西利卡式”建筑,将空间分割,分别作为集市、教堂等公共建筑。

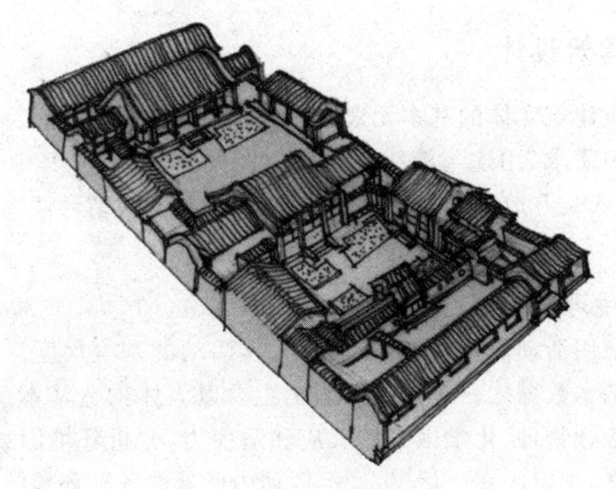

图 1-9　四合院空间示意图

到了早期工业文明时期，森严的社会等级制度逐渐土崩瓦解，取而代之的是人性的解放和人本思想的崛起。这一时期，建筑的"适用性"更多体现在为满足使用者实际的生产生活需要的目的上。现代主义建筑的先驱们曾经提出"形式服从功能"的口号。这一思想将深陷于浮华装饰和符号化的建筑拉回到现实世界，并对使用者本身给予了更多的关注。因缘际会，人体工程学得以发展，即研究人体各种活动（行、走、坐、卧等）的基本尺度的学科。在这一历史背景下，使用者的活动尺寸与建筑空间尺度的逻辑关系，成为现代建筑"适用性"的重要内容。

然而不少现代主义建筑师，将建筑的"适用性"与"机械化、模数化"等同起来，过分强调建筑功能的逻辑性和合理性，忽视了人对建筑安全感、归属感、文化认同感等情感方面的需求，往往会违背建筑对使用者的"适用性"原则。

范斯沃斯住宅作为现代建筑的代表作品之一，其设计师密斯·凡·德·罗一度被业主告上法庭。原因是整个房子就像一个"水晶盒子"，四面全是玻璃，让独身的女业主倍感不便。而且玻璃的保温、隔热性能较差，冬季寒气冻得人浑身打战，夏天骄阳又晒得人大汗淋漓。另外造价太高，给业主带来了经济困难。

历经岁月坎坷，建筑的功能界限趋于模糊，而形式的需求日益增加。当文化符号、高度与形象成为某些特定建筑的追求主题时，以符号化的形象特征表达建造者的深层意向即成为一种潮流（图 1-10）。"功能"的传统概念与现代价值产生碰撞，当代建筑的"适用性"不再局限于单纯满足使用功能，反而转向综合考虑使用者生理、心理、行为等多重需求。结合这些基本需求，"适用性"意味着应建造更为人性化、更有人情味儿的建筑。

图 1-10　现代建筑意向

（三）功能与建筑设计

功能空间是构成建筑实体的基本元素，任一功能空间都具备特定而明确的使用需求，依据人体尺度与生理需求、用途与流线决定各空间的体量大小，其中包括平面尺寸及高度、空间属性为私密或是开放以及交通流线的组织，这些都是结合使用功能对建筑空间做出的回应。

1. 人体尺度与生理需求

为了满足人的使用活动需求，建筑需满足人体活动的基本尺度。人体基本尺度属人体工程学研究的最基本数据之一。人体工程学主要以人体构造基本尺度为依据，通过研究人体在环境中对各种物理、化学因素的反应和适应力，分析环境因素对生理、心理以及工作效率的影响程度，确定人在生活、生产等活动中所处的各种环境的舒适范围和安全限度，因而确定的基本动作尺度(图 1-11)。

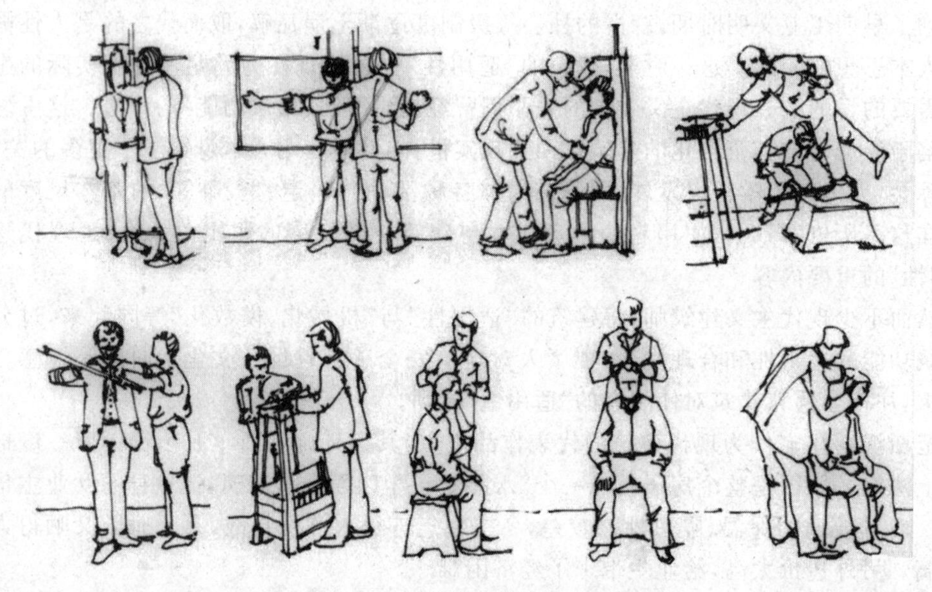

图 1-11　人体基本动作尺度衡量

而人的生理要求是指人们对阳光、声音、温度等外界物理因素的需要，落实到建筑上主要是对建筑朝向、保温、防潮、隔热、隔声、通风、采光、照明等方面的基本要求，并通过辅助手段来满足某些特定空间的防尘、防震、恒温、恒湿等特殊要求。根据使用功能的不同，对建筑朝向和开窗的处理也不同。例如，起居室、幼儿活动室、病房等，可争取好的朝向和较多阳光，选择朝南；而实验室、书库等应避免阳光直射，选择朝北。

2. 用途与流线

建筑功能的满足及建筑的“适用”，主要表现为人能在其中实现其行为活动。而不同的行为需要不同的功能空间来予以满足。例如，日常生活所需的起居、烹饪、盥洗及贮藏空间，因其功能不同，这些房间在大小、形状、朝向和门窗设置上都有各自不同的形式和尺寸：客厅与卧室较为开敞，厨房与卫生间相对封闭。就单体空间而言，依其活动内容和使用人数来决定面积和长宽比。卧室和客厅的形状应具备较大的灵活性，不宜过分狭长，长宽比不应超过 2∶1，对厨房的要求相对低一些，由于功能单一，且使用人数较少，可在水暖与烹饪设备合理设置的基础上，采用狭长或不规则的空间。

在满足单体空间的基础上，还需考虑群体空间的组合方式。一幢建筑的空间组合形式和房间位置安排，是根据该建筑主要使用者的行动路线决定的，按照合理的流线组织各内部空间及室内外空间的次序。

在满足室内外空间组织合理的基础上，各个功能空间之间的联系也需要合理组织（图 1-12），在组织空间时要全面考虑各个房间之间的功能联系，按照功能联系组合房间。为了达到流线合理的目的，建筑需要满足功能布局合理、交通流线清晰的条件。交通路线通常是进入建筑的路径以及建筑内部各房间之间的连接纽带，在功能布局合理的基础上，清晰的交通意味着避免人流交叉，实现良好的导向性。

图 1-12　建筑功能分区示意图

3. 体量与形状

空间的体量指空间的大小和容量，一般以平面面积来控制。根据功能需要，空间要满足基本的人体尺度以达到理想的舒适状态，其面积和高度应满足相应参考数值。一般家庭起居室面积宜为 $20m^2$ 左右，而容纳 1000 座的影剧院观众厅则需达到 $750m^2$ 左右。

空间的形状同样受到功能的制约。在符合使用面积的基础上，功能空间以哪种形状出现，成为一种优化组合的过程。以教室为例，过大的长宽比会影响后排学生使用，而过小的长宽比则会在使用黑板时产生反光现象。空间的形状常见的是矩形，亦可使用圆形、梯形等，在满足功能的基础上，可灵活运用空间形状（图 1-13）。

二、技术性——结构与构造

蜘蛛结网、老蚕作茧、燕子筑巢、蚂蚁堆砌蚁丘，每一种动物都以一定的方式构筑自己的生存空间，人类更是如此。因此，为人类生产生活提供安全的场所，是建筑最基本的目标，也是建筑“技术性”的本质。

结构是建筑物的骨架，对建筑的造型和形式影响深远。弗兰姆普顿说：“建筑的根本在于建造，在于建筑师应用材料并将之构筑成整体的创作过程和方法。建构应对建筑的结构和构造进行表现，甚至是直接的表现，这才是符合建筑文化的。”结构是建筑设计中必须遵循的法则。

（一）建筑技术

为人类生产生活提供安全的场所是建筑最基本的目标，也是建筑“技术性”的本质。

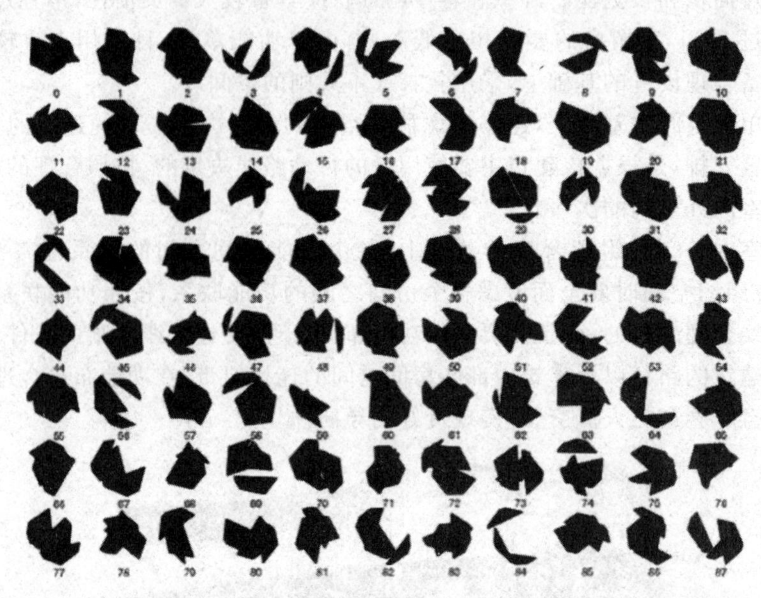

图 1-13　建筑形状示意图

早期建筑技术所提供的仅仅是安全保障，随着社会科学技术的进步，"技术性"的内涵获得了不同程度的扩充。

在东方，原始社会的生产工艺落后，建筑形态十分简单，或凿穴、筑巢而居（图 1-14 和图 1-15），或采用自然原材料（木、石、竹等）筑成房屋。我国浙江余姚发掘出公元前 6000 年的河姆渡遗址，发现了许多榫卯结构的木屋构件，说明新石器时代木结构房屋已取得了长足的技术进步，堪称世上罕见的早期建筑技术成就。

图 1-14　原始穴居发展序列

图 1-15　原始巢居发展序列

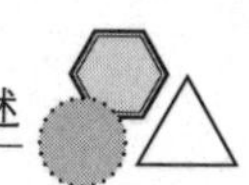

秦汉时期建筑技术进一步发展。尽管我们常说“秦砖汉瓦”，其实制瓦技术始于西周。砖、瓦是人类掌握冶炼技术后，通过煅烧而制成的建筑材料，比普通的石材具有更好的耐用性，不易随气温和湿度的变化出现剥落现象。

斗拱构件(图 1-16)的出现，既加大了木材间的接触面积，又巧妙地运用了杠杆原理，极大地提高了木结构的承载能力。得益于木结构体系(图 1-17)的进步，我国建筑中的大屋顶、挑檐深远的艺术形象得以实现。

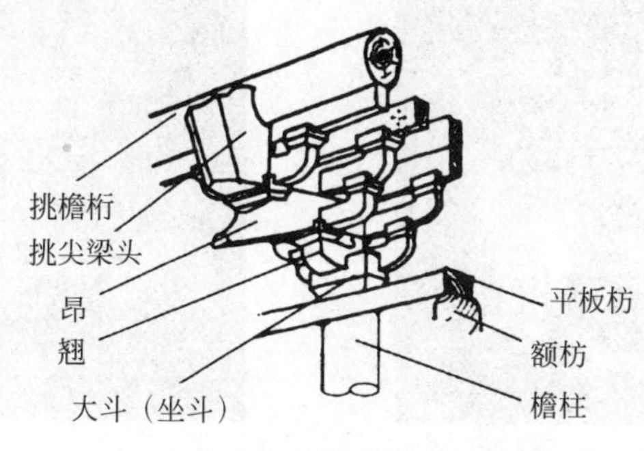

图 1-16　斗拱构件

图 1-17　抬梁式结构

在西方，古希腊时期的石头建筑运用梁柱承重体系创造了高大的庙宇建筑，如帕提农神庙，其平面尺度达 69.5m×30.9m，柱子高达 10.43m；罗马人运用砌块抗压力性能优于抗剪力和抗弯能力，发明了拱券和穹隆结构(图 1-18 和图 1-19)，实现了建筑在尺度上的又一次突破；哥特时期的尖拱券和飞扶壁结构(图 1-20)，让教堂和城堡建筑达到了单层空间空前的高度。从传统建筑发展到现代的摩天大楼，可以十分骄傲地看到建构技术开创的文明之路。

在现代工业建造体系下，建筑的整个寿命周期(建材的开采、运输，建筑的搭建和施工，建筑运行阶段的给排水、采暖与制冷、照明与供电，建筑的拆除与废弃物处理)都离不开工程技术的支撑。现代建筑的“技术性”不仅仅意味着结构的坚固，还包含现代机电设备为生产生活的安全、舒适提供稳定可靠的供给保障。

“技术”不只起到安全保障的作用，还可以成为精神层面的更高追求。技术精美主义(图 1-21)追求建筑构造与施工的精确性，并认为技术的精美便可升华为艺术；当代装配式建筑(图 1-22)采用预制构件在工地组装而成,构件的标准化带来了建筑风格的变革;高技术派认为高技术是人类文化的独特体现,因此将现代建筑的结构、管道、电梯、升降机等技术构件作为建筑形体的构成要素,形成了独特的技术美学(图 1-23 和图 1-24)。

图 1-18　拱券结构

图 1-19　穹隆结构

尖拱券

飞扶壁

图 1-20　哥特时期的建筑结构

图 1-21　范斯沃斯住宅

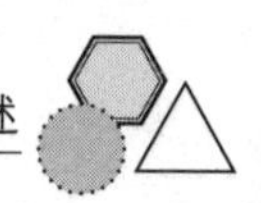

图 1-22　汇丰银行

图 1-23　蒙特利尔 67 号住宅

图 1-24　东京银座

（二）建筑结构

什么是建筑结构？结构是建筑的骨架，它为建筑提供合乎使用的空间并承受建筑的全部荷载，抵抗由于风雪、地震、土层沉陷、温度变化等可能因素对建筑引起的损坏。结构的坚固程度决定着建筑的安全和寿命。

建筑功能要求多种多样，不同功能都需要有相应的建筑结构来提供与之相对应的空间形式。功能的发展和变化促进了建筑结构的发展。从原始社会至今，建筑的结构也经历了一个漫长的发展过程。

以墙和柱承重的梁板结构(图 1-25)是最古老的结构体系，至今仍在沿用。它由两类基本构件组成，一类是墙柱；一类是梁板。其最大特点是：墙体本身既起到围合分隔空间的作用，同时又要承担屋面的荷载，因此，一般不可能获得较大空间。

框架结构(图 1-26)也是一种古老的结构体系，其荷载及构件自重的传递过程是：由楼板传递给梁，经梁传递给柱，由柱传递给柱基，再由柱基传递给土地。它的最大特点是承重的骨架和围护、分隔空间的墙体明确分开，墙体不承重，位置可改变，因此可以获得较大的使用空间。现代的钢筋混凝土框架结构则是普遍采用这种结构体系。

图 1-25　梁板结构

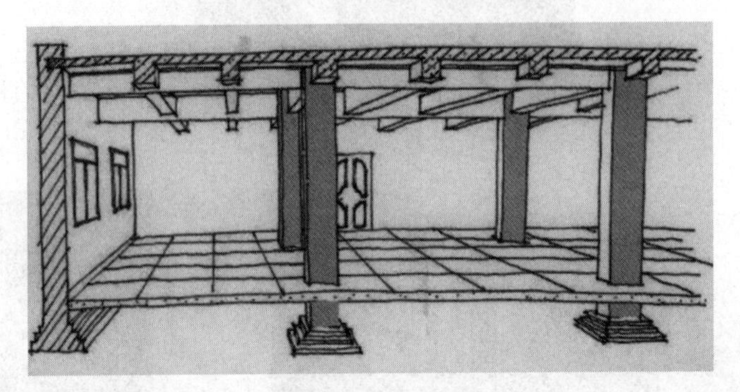

图 1-26　框架结构

伴随着近代材料科学的发展和结构力学的兴起，相继出现了桁架结构、钢架结构和悬挑结构，这些结构大大增加了空间的体量。第二次世界大战结束后，受仿生学影响，建筑结构中又出现了壳体结构。壳体结构外形来自“贝壳”，外形合理、稳定性好，可以覆盖很大的面积。新型结构中还有折板、网架和悬索等结构（图 1-27），都大大发挥了材料的特性，自重轻、强度高。另外，帐篷式（膜结构）建筑、充气式建筑也逐渐出现在人们的视野里。今天，大家所能看到的摩天大楼多采用剪力墙结构和井筒结构。

折板结构

双曲面薄壳结构

网架穹隆型薄壳结构

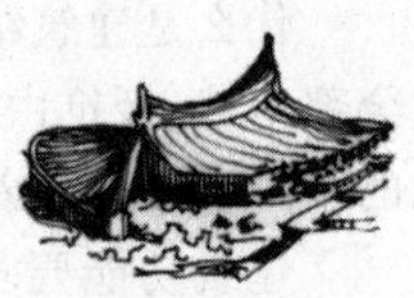

悬索结构

图 1-27　新型结构

位于北京中央商务区的中央电视台大楼（图 1-28），其设计者雷姆·库哈斯（Rem Koolhaas）借助于结构技术，创造了一个上部由两个方向悬挑超过 70m 的超大尺度的三维空间，形成前所未有的建筑形象，夺目耀眼，蔚为壮观。在科学技术日新月异的今天，人类对建筑结构的探索与创造还会一如既往地继续下去。

图 1-28 中央电视台大楼

（三）建筑材料

建筑材料对于建筑的发展有着重要的意义。砖的出现，使拱券结构得以发展；钢和水泥的出现，促进了高层框架结构和大跨度空间结构的发展，而塑胶材料则带来了面目全新的充气式建筑。同样，材料对建筑的装修和构造也十分重要，玻璃的出现给建筑的采光带来了方便，各种新型材料的饰面板也正在取代各种抹灰的湿操作。

建筑材料品种繁多，为了“材尽其用”，首先应了解建筑对材料有哪些要求及各种不同材料的特性。那些强度大、自重小、性能高和易于加工的材料是现代理想的建筑材料。

越来越多的复合材料正在出现，国家游泳中心（“水立方”游泳馆）（图 1-29）外表面采用的 ETFE 膜材料（乙烯-四氟乙烯共聚物）是一种新型轻质高分子复合材料，具有优良的热学性能和透光性，是现代大跨度外墙材料的使用趋势。新型建筑材料强化了传统建筑材料的防火、隔热、防水、隔声等功能。对建筑师而言，需十分关注、积极探索新材料的运用，同时做到就地取材，以期创造出更新颖、更合理、更安全的建筑空间，使建筑真正和谐地融于自然，实现可持续发展。

图 1-29 “水立方”游泳馆

（四）建筑施工

建筑只有通过施工才能“为人所用”。建筑施工一般分为两个环节：一是施工技术，包括人的操作熟练程度、施工工具和机械、施工方法等；二是施工组织，涉及材料的运输、进度安排、人力调配等。

由于建筑体量庞大，类型繁多，同时又具有艺术创作的特点，几个世纪以来，建筑施工一直处于手工业和半手工业状态，只是在近几十年，建筑才开始了机械化、工厂化和装配化的进程。机械化、工厂化和装配化可以大大提高建筑施工的速度，但它们必须以设计的定型化为前提。近年来，我国一些大中城市的民用建筑，正在逐步形成设计与施工配套的全装配大板、框架挂板、现浇大模板等工业化体系。

建筑设计中的一切意图和设想，最后都要受到施工的检验。因此，设计工作者不但要在设计工作之前周密考虑建筑的施工方案，而且还应该经常深入现场，了解施工进展，以便协同施工单位，及时解决施工过程中可能出现的各种问题，保证建筑的“坚固性”在施工中不受影响。

（五）建筑设备

建筑设备涵盖给排水、电气、暖通等工种。其中，给排水工程主要包括清洁水的供给、污水废水的净化与排放、雨水收集、中水利用、消防供水等；电气工程主要是电力供给、自动控制、网络、电信电话等弱电工程；暖通工程包括空气的制冷和加热、新鲜空气补给和废气、烟气排放等。

（六）建筑节能

在建筑设计中考虑环境保护、降低能耗、可持续发展，已是当今建筑设计的基本要求，针对节能所设计的一体化建筑层出不穷。常用的节能方式有自然通风采光、墙体及屋面保温隔热、太阳能利用、水循环利用、地下冷热源利用、能源错峰利用、建筑材料再生利用等。

对于建筑节能，“水立方”游泳馆的设计有许多独到之处：特殊的屋面处理使雨水收集率达到100%，独特的给排水设施使游泳中心80%的耗水得以收集、净化和循环利用，此外还应用空调系统对废热进行回收、采用ETFE膜材料和相应技术使场馆白天能利用自然光，节约了大量能源。

三、艺术性——空间与形体

建筑是通过想象实现的空间艺术。认识建筑应该从空间想象开始。有人说过：“空间是流动的音阶。”无论是山间、乡村、都市、街道，只要有空间就可以感受到生命的节奏。古今中外对于空间的艺术有着不同的诠释。

（一）凝固的永恒——立面造型

很长一段时间里，建筑三要素中的“美观”被理解为建筑的造型艺术，这与西方古典建筑静穆典雅的审美趣味息息相关。建筑的立面表情作为庄严永恒的象征，以沉稳优雅的神态气度讲述着悠远古老的美学法则。

1. 简单与统一

古代的一些美学家认为简单、肯定的几何形状可以引发人的美感，现代建筑大师勒·柯布西耶也说过：“原始的体形是美的体形，因为它能使我们清晰地辨认。”所谓原始的“形”包括圆形、三角形、正方形，“体”则是与之相对应的球体、正四面体、正方体。这些原始体形（图 1-30）以其简单明了、完整统一的形态特征赋予建筑经典永久的纪念意义。

图 1-30 金字塔

2. 主从与重点

古希腊哲学家赫拉克利特（Heraclitus）认为：“自然趋向差异对立，协调是从差异对立而不是类似的东西中产生的。”启示人们在有机统一的整体中，各组成要素应有主从差别，突出重点。这种观念体现在古典建筑中，常以高大体量建筑为主体置于中央，周边对称分布小体量建筑，形成集中统一、主次分明的布局形式，以传达尊卑有序的等级观念，典型实例是文艺复兴时期的圆厅别墅（图 1-31）。

图 1-31 圆厅别墅

3. 均衡与稳定

在古代，人们崇拜重力，并形成了一套与重力相关的审美观念，就是均衡与稳定。古典建筑采用对称布局和上轻下重的做法以获取这种均衡与稳定的构图形式。如帕提农神庙（图 1-32），立面山墙采用略微内倾的形式，以免站在地面的观察者有立墙外倾之感。在柱子的排列上，只有中央两根垂直于地面，其余都向中央略微倾斜，使整体结构更加稳固。

图 1-32　帕提农神庙

4. 对比与微差

对比是指要素间显著的差异，微差则是指要素间不显著的差异。就形式而言，这两者都是不可或缺的，它们的结合应用可以在变化中求得统一。典型的建筑实例是圣索菲亚大教堂(图 1-33)，以半圆形拱作为立面要素，大小相间、配置得宜，既有对比又有微差，构成和谐统一又富有变化的有机统一整体。

图 1-33　圣索菲亚大教堂

5. 韵律与节奏

亚里士多德(Aristotle)认为爱好节奏和谐的美的形式是人类生来就有的自然倾向。人们以自然现象、规律为模仿对象创造出了或连续，或渐变，或起伏，或交错的韵律美。这种美广泛应用于建筑中，使建筑被誉为“凝固的音乐”。如古罗马输水道(图 1-34)，通过三种大小不同的半圆形拱的分层排列，获取连续、渐变的韵律美。

6. 比例与尺度

古希腊的毕达哥拉斯学派认为万物最基本的因素是数，数的原则统治着宇宙中的一切现象，美也不例外。他们探求用什么样的数量比例关系才能产生美的效果，于是发现了“黄金分割”。在建筑中，比例体现为建筑长、宽、高的比值关系，和谐的比例使建筑高矮匀称、宽窄适宜。很多古典建筑实例(图 1-35)证明当建筑外轮廓接近于圆形、正三角形、正方形时，就会产生和谐统一的效果。

图 1-34　古罗马输水道

图 1-35　巴黎圣母院

（二）辩证的交融——空间与形体

到了近现代，建筑更加强调空间的意义，认为建筑是空间的艺术。事实上，空间与形体犹如一体两面，不能割裂开来看待。两者的差别只在于观察角度的不同，空间的美重在内部对比，是指要素间显著的差异，微差则是指要素间不显著的差异，而形体的美则流于外部表现，它们的完美结合诠释了美观的真正内涵。建筑之美不仅表露于外部形体，同时也体现在内部空间之中。

1. 基本含义

在认识建筑的空间形体之前先要了解什么是"空间"，从哲学角度阐释，空间是与实体相对的概念。凡实体以外的部分都可以看作空间，空间是无形的存在。从科学角度解释，空间是与时间相对的概念。作为一种客观存在，空间表现在长、宽、高上的延伸。

从建筑角度出发，有两段话可以作为空间的最好释义。一段是老子《道德经》中的论述："埏埴以为器，当其无，有器之用。凿户牖以为室，当其无，有室之用。故有之以为利，无之以为用。"其中论证了空间与实体相互依存的辩证关系，表明空间通过实体的限定得以存在，并指出建筑的目的是创造空间。另一段是现代建筑家芦原义信在《外部空间的设计》中的阐述："空间是由一个物体同感觉它的人之间产生的相互关系所形成的。"表明空间的感知主体是人，并强调了主观体验的重要性。

2. 产生方式

空间的产生非常微妙，孔子于树下讲学，围绕树荫形成一个特定的学习交流空间；帝王于圜丘祭天（图 1-36），三层石阶划分了神圣与凡俗的空间界限。生活中这样的例子比比皆是，雨天的一把伞，田野上的一方地毯，都可以从环境中限定出独特的空间（图 1-37）。空间的产生就是这样的简单有趣，那么建筑空间又是如何产生的？在建筑中，空间的产生源于界面的改变。所谓界面包括水平方向的屋顶、地面和垂直方向的柱、墙、门、窗。界面通过形状、材质和高度的变化对空间进行围合限定，创造出不一样的空间效果。

3. 空间变化

相对于古典建筑，现代建筑最突出的变化有两个方面：一是空间由静态转向动态；二

图 1-36　圜丘

图 1-37　外部空间产生方式

是空间由封闭转向开放。这与功能的发展、材料的更新密不可分，同时也与现代审美观念的变化息息相关。与古典建筑的沉静内敛大相径庭，现代建筑追寻的是一种灵动自由、内外交融、绽放自我的空灵之美。

(1) 空间之“动”。空间的灵动自由可以通过两方面实现：一是水平方向的变化组合，如包豪斯校舍(图 1-38)，采用风车状的平面布局，突破中心对称的传统模式，呈现出动态变化的空间形式。二是垂直方向的自由延伸，如巴塞罗那世博会德国馆(图 1-39)，采用不同方向延伸的墙体，将空间灵活分割，并由此产生“流动空间”这一概念。

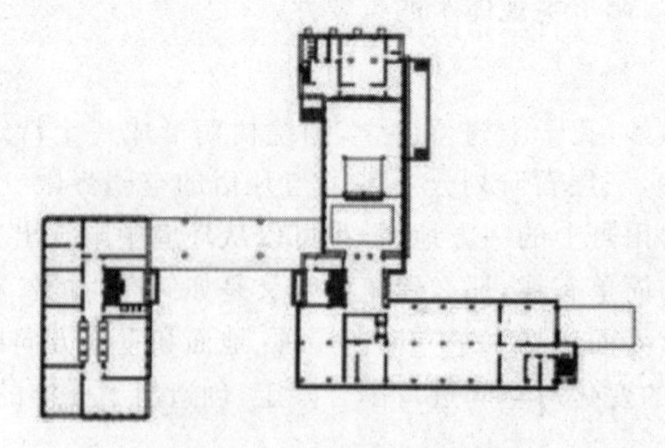

图 1-38　包豪斯校舍平面

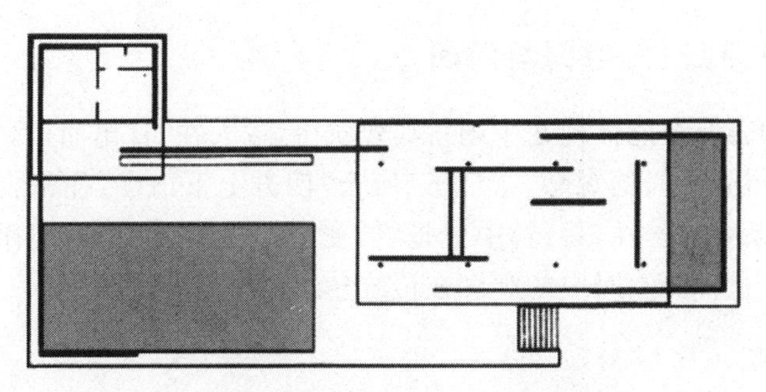

图 1-39　巴塞罗那世博会德国馆平面

(2) 空间之“融”。空间的内外交融同样可以通过两方面实现：一是界面的延伸变化，如流水别墅(图 1-40)，采用出挑的平台和纵伸的墙体，丰富建筑轮廓线的同时弱化了空间的内外分界，进一步加强了彼此的渗透融合；二是材质的透明处理，如范斯沃斯住宅，立面采用大面积的玻璃窗，促使室内外空间融为一体。

图 1-40　流水别墅

这里面最值得一提的是萨伏伊别墅(图 1-41)，通过坡道的应用将内外空间有机联系在一起，同时赋予空间动态体验，行走于坡，伴随时间的流逝，感受空间由外而内、再由内而外的连续变化，给人以游历的体验和想象的余暇。

图 1-41　萨伏伊别墅

（三）流逝与回归——空间与时间

空间与时间的融合最能体现在中国古典建筑中，古人在“日出而作，日落而息”的生活中，由空间的变化得到时间的观念。《尸子》所云“四方上下曰宇，往来古今曰宙”，便是将空间、时间加以联系统一。在《易经》中更是将“变”看成宇宙的普遍规律，提出“广大配天地，变通配四时”。这种时空对应的观念在传统建筑中得以广泛体现。

1. 方位与象征

古人认为天有昼夜，地分南北；天有五星分列，地具五行方位。并以方位对应的关系阐释对宇宙的理解。通过东南西北“四方”来象征春夏秋冬“四时”。在建筑中，采用四个方向的建筑围合，能够突出时空一体的对应特征(图 1-42)。

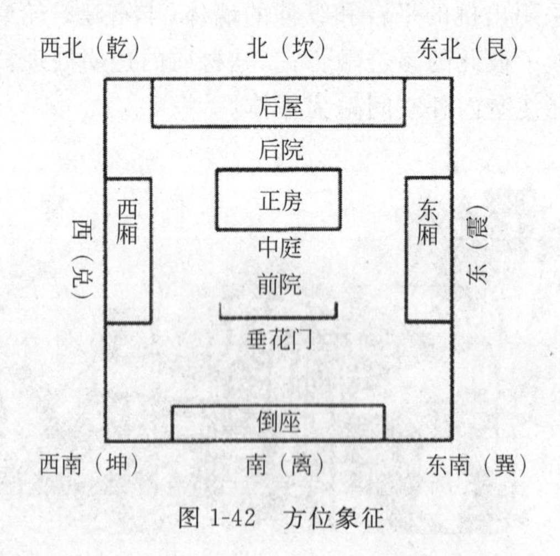

图 1-42　方位象征

2. “中虚”与“蕴气”

《梦溪笔谈》中提到：“在天文，星辰皆居四傍而中虚，八卦分布八方而中虚，不虚不足以妙万物。”传统建筑透过“庭院”(图 1-43)这一内化的外部空间，将建筑与自然双向连接、互为补充。庭院的出现形成了一个自然坐标，使围绕它的房屋得以明确方位，同时为“气”的凝聚流动提供场所，赋予时空流动性。居者于庭院之中感悟四时变化，体味人生冷暖，于有限的空间中体会无尽的时间变化。

图 1-43　庭院空间

3. “人在景中”与“步移景异”

传统建筑以群组的方式纵向展开，时间的流逝借由空间的延伸得以呈现。建筑内部多用门窗隔扇等虚体分隔，视线可以穿越，路线得以贯通，人行走其中，迈过一道道门槛，穿过一扇扇屏风，伴随时间的推移，空间渐次变化，步移景异，就像一幅缓缓打开的卷轴，让身处其中的人领略时空流转的美。

20 世纪生态学发起的环境运动牵动着建筑美学的变迁。随着对大自然法则和运行规律的探索（达尔文发现了物竞天择、适者生存的物种进化过程，生物学家解开了生命自身的遗传密码），人们将这些原理影响建筑设计以实现人类与自然的融合，一种根植于地域环境的建筑“风土”美学应运而生。“风土”是一个地方特有的自然环境（山川、气候、物产等）和习俗的总称，建筑的风土美学是使建筑顺应地方自然环境和文化的美学思想，师法自然、顺应风土是其最高的美学境界。

第三节　建筑属性

建筑具有适用性、技术性、艺术性、文化性、民族性与地域性、社会性六种属性。

一、适用性

建筑的营造是为了创造良好的生活、学习、工作的室内空间环境。建筑空间尺度、室内微小气候、建筑装饰材料的选用、建筑设备的使用情况、建筑朝向、建筑高度等都是影响建筑适用性的因素。为了在建筑设计中贯彻适用性原则，国家先后出台了一系列建筑设计规范，其中在《民用建筑设计通则》（GB 50352—2005）、《建筑设计防火规范》（GB 50016—2014）、《高层民用建筑设计防火规范》（GB 50045—1995）等规范中，对建筑设计、建筑设备、建筑装修等提出了一系列适用性要求。

二、技术性

科技的进步带动了建筑的进步，而建筑的进步不仅是建筑施工和竣工的技术保障，同时也为建筑师的创作提供了技术支持。建筑的新技术、新材料、新工艺已经在建筑构思、建筑设计与建筑施工等环节中得到充分应用，如法国巴黎歌剧院采用薄壳结构、国家游泳中心采用膜结构等。

三、艺术性

建筑的艺术性表现在建筑造型方面，应具有一定的形式美感和适宜的比例与尺度。美国芝加哥建筑学派路易斯·沙利文在 1907 年提出“Form follows function.”，即形式追随功能。换言之，建筑功能决定建筑艺术表现形式，建筑艺术形象与建筑功能是统一体。

四、文化性

建筑创作离不开建筑所蕴含的文化内涵，其文化性主要体现在建筑与哲学、经济学、

美学方面等，同时建筑设计通过各种设计手法体现设计者的文化观念。例如，著名建筑学家彭一刚先生为华侨大学四十年华诞所建的"承露泉"，体现了华侨大学学生及校友特色，即"聚莘莘学子于五湖四海，育创新英才惠四面八方"，如图 1-44 所示。

图 1-44 华侨大学"承露泉"设计

五、民族性与地域性

由于生活习惯、风土人情、宗教信仰等人文因素的差异，不同民族的建筑形式呈现出多样化特征；由于所处的地理环境、气候条件等自然因素的差异，不同民族的建筑也呈现出不同的形态。即使是同一类型的建筑，所呈现出的建筑形态也有差异。例如，蒙古族采用易拆卸的毡包作为居住建筑形式；苗族、侗族、瑶族、土家族采用吊脚楼作为长期的居住建筑形式；北京四合院和皖南四合院虽然在建筑性质上相同，建筑格局上相似，但北京四合院中庭宽敞，皖南四合院中庭相对狭小。

六、社会性

随着社会的进步，建筑也随之发展。反过来，建筑的发展是社会进步的物质象征。建筑与社会之间有着密切的联系，主要反映在以下三个方面。

（一）建筑与社会制度之间的关系

在我国古代封建社会制度下，建筑格局、建筑装饰具有严格的规定，建筑使用对象在社会阶层中所处的地位决定了其使用的建筑等级。现代建筑和当代建筑在民主制度下蓬勃发展，建筑师可以根据使用功能、使用对象和建筑环境等因素进行创作，但在封建社会制度下这些创作思路会被压制。

（二）建筑与社会意识之间的关系

中国古代建筑设计与规划中反映的风水观念、唯心观念、男尊女卑思想等，都从某一角度说明了社会意识对建筑发展所带来的积极或消极作用。

（三）建筑与社会问题之间的关系

社会问题在社会发展的不同阶段，其表现也不同。例如，现阶段社会人口老龄化问题、幼儿教育问题、人口问题、大学生就业问题、住房问题等，这些问题的妥善解决，势必带动建筑的发展。

第四节　建筑分类与建筑类别等级划分

一、建筑分类

（一）按照使用性质分类

公共建筑可分为居住建筑、公共建筑、工业建筑和农业建筑四个方面。

居住建筑包括住宅、民居、别墅、宿舍和公寓。

公共建筑包括办公建筑（如办公楼、写字楼）、医疗建筑（如医院、卫生院、保健院）、交通建筑（如航站楼、汽车客运站、火车站、地铁站、公交车站）、商业建筑（如商场、专卖店、超市）、园林建筑（如公园和庭院中的亭、台、楼、阁、轩、榭）、教育建筑（如幼儿园、各类学校）、体育建筑（如体育馆、杂技厅）、纪念性建筑（如纪念碑、纪念馆、纪念性雕像）、餐饮建筑（如茶室、中西餐馆）、娱乐建筑（如 KTV、游乐园）、展览建筑（如展览馆、博物馆）、观演建筑（如电影院、剧院、音乐厅）等。

近年来，随着商业业态多样化的发展和人们生活品质的不断提高，商业地产得到改革和升级，逐步形成了商业综合体。商业综合体是集餐饮、娱乐、商业、观演于一体的大型公共建筑，如武汉菱角湖万达广场、杭州银泰城、上海新天地等。

工业建筑包括工业厂房、车间、厂区内水塔、烟囱等。

农业建筑包括农机站、温室大棚等。

（二）按照建筑高度和层数分类

公共建筑分为非高层、高层、超高层建筑；住宅分为低层、多层、中高层和高层、超高层住宅。如表 1-1、图 1-45～图 1-48 所示。

表 1-1　建筑分类(1)

类别 / 层数	公共建筑	住宅建筑	备注
非高层	建筑物总高度≤24m	低层 多层 中高层	1～3 层 4～6 层 7～9 层
高层	建筑物两层以上高度≥24m	楼层≥10 层	
超高层	建筑总高度≥100m		

图 1-45　某风景区中的低层别墅

图 1-46　某高层商住楼

图 1-47　非高层的教学楼

图 1-48　超高层建筑——上海环球金融中心

（三）按照建筑修建数量和体量分类

表 1-2 是按照建筑修建数量和体量分类。

表 1-2　建筑分类(2)

大量性建筑	指与人们日常生活中密切相关的建筑，且建筑数量多，如住宅、学校、医院、商店等。这些建筑无论是在城市或是乡村都是不可或缺的
大型性建筑	指建筑规模大、体量大的建筑，如大型体育馆、大型博物馆、大型影剧院、大型客运站与火车站等。这些建筑标志性强，往往成为某一城市或某一地域的象征

二、建筑类别等级划分

（一）按照建筑耐久年限划分

按照建筑耐久年限，可将建筑分为以下四级(表 1-3)。

表 1-3　建筑分类(3)

级　别	耐久年限	建筑适用范围
一	多于 100 年	适用于重要建筑和高层建筑
二	50～100 年	适用于一般建筑
三	25～50 年	适用于次要建筑
四	少于 25 年	适用于临时性建筑

（二）按照民用建筑耐火等级划分

耐火等级取决于建筑物主要构件的耐火极限和燃烧性能。

耐火极限是指对任一建筑构件按时间—温度标准曲线进行耐火实验，从受到火的作用时起，到失去支持能力或完整性被破坏或失去隔火作用时为止的这段时间，以小时为单位。根据《建筑设计防火规范》(GB 50016—2014)的规定，建筑物的耐火等级分为四级，其中重要的、大量的建筑按一级、二级耐火等级进行设计。

燃烧性能是指建筑材料燃烧或遇火时所发生的一切物理变化和化学变化，这项性能由材料表面的着火性和火焰传播性、发热、发烟、炭化、失重以及毒性生成物的产生等特性来衡量。根据燃烧性能不同，将建筑构件划分为三类：不燃烧体、难燃烧体和燃烧体。不燃烧体是指用不燃烧构件做成的建筑构件，如天然石材、人工石材、金属材料构件等。难燃烧体是指用难燃烧体做成的建筑构件或用燃烧材料做成且用不燃烧材料做保护层的建筑构件，如木板条抹灰构件、石膏板等。燃烧体是指用燃烧材料做成的建筑构件，如木材构件、纤维板等。

不同耐火等级建筑物相应的耐火极限和燃烧性能应不低于表 1-4 的要求。

表 1-4　建筑物构件耐火极限和燃烧性能

名　称		耐火极限/h			
构件		一级	二级	三级	四级
墙	防火墙	不燃烧体 3.00	不燃烧体 3.00	不燃烧体 3.00	不燃烧体 3.00
	承重墙	不燃烧体 3.00	不燃烧体 2.50	不燃烧体 2.00	不燃烧体 0.50
	非承重外墙	不燃烧体 1.00	不燃烧体 1.00	不燃烧体 0.50	燃烧体
	(1) 楼梯间的墙 (2) 电梯间的墙 (3) 住宅单元间隔墙 (4) 住宅分户墙	不燃烧体 2.00	不燃烧体 2.00	不燃烧体 1.50	难燃烧体 0.50
	疏散走道两侧的墙	不燃烧体 1.00	不燃烧体 1.00	不燃烧体 0.50	难燃烧体 0.25
	房间间隔	不燃烧体 0.75	不燃烧体 1.00	不燃烧体 0.50	难燃烧体 0.25
柱		不燃烧体 3.00	不燃烧体 2.50	不燃烧体 2.00	难燃烧体 0.50
梁		不燃烧体 2.00	不燃烧体 1.50	不燃烧体 1.00	难燃烧体 0.50
楼板		不燃烧体 1.50	不燃烧体 1.00	不燃烧体 0.50	燃烧体
屋顶承重构件		不燃烧体 1.50	不燃烧体 1.00	不燃烧体 0.50	燃烧体
疏散楼梯		不燃烧体 1.50	不燃烧体 1.00	不燃烧体 0.50	燃烧体
吊顶(含吊顶搁栅)		不燃烧体 0.25	不燃烧体 0.25	不燃烧体 0.15	燃烧体

注：(1) 除本规范另有规定者外，以木柱承重且以不燃烧材料作为墙体的建筑物，其耐火等级应按四级确定。

(2) 二级耐火等级建筑的吊顶采用不燃烧体时，其耐火极限不限。

(3) 在二级耐火等级的建筑中，面积不超过 100m² 的房间隔墙，如执行本表的规定确有困难时，可采用耐火极限不低于 0.30h 的不燃烧体。

(4) 一级、二级耐火等级建筑疏散走道两侧的隔墙，按本表规定执行确有困难时，可采用 0.75h 不燃烧体。

第五节　建筑与技术

一、建筑发展中材料与技术的作用

建筑是人类物质性的创造活动，是精神性的艺术创造活动，同时又是理性的、科学严谨的技术应用活动。

建筑与技术主要是指建筑用什么建造和怎样建造，包括建筑材料、建筑结构、施工技术等诸多方面。

（一）建筑材料

任何一座建筑的建成，都要耗费大量的人力和物力，“大兴土木”毫不夸张地反映了建筑建造过程中对建筑材料的使用、消耗情况。因而一定数量、质量的建筑材料是建筑由蓝图到现实必不可少的物质条件之一。建筑材料可分为天然材料和人工材料两大类，天然材料中，土、草、石材、木材是人类较早用于建筑的材料；人工材料中，铁、玻璃、钢筋、水泥、塑料等材料的发明、应用都具有开创性的意义，每一种新型材料的发现、创造、应用都推动了建筑的发展。

（二）建筑结构

建筑结构是建筑的骨架，它为建筑提供适用空间创造了可能和条件。建筑结构要承受建筑的全部荷载及抵抗由自然现象可能对建筑引起的破坏。建筑结构的坚固程度直接影响着建筑物的使用安全和使用年限。人类采用最早的结构形式是梁板结构、拱券结构（图 1-49～图 1-51），当时，因受到建筑材料的限制，建筑的跨度、高度都是有限的。钢筋混凝土结构是现代广泛应用的建筑结构形式，无论在建筑的跨度上还是建筑的高度上都有所突破。随着科学技术的发展进步，出现了网架、悬索、充气等多种多样的新型结构形式（图 1-52 和图 1-53），为建筑取得灵活多样的空间形式提供了物质技术条件。

图 1-49　希腊赫拉神庙

图 1-50　古罗马大角斗场环廊

图 1-51　拱券结构的古罗马输水道

图 1-52　蒙特利尔世博会美国馆

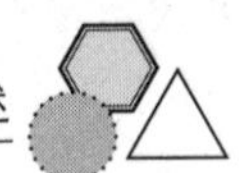

图 1-53　杜勒斯国际机场航站楼

二、材料与技术对建筑发展的影响与制约

建筑的建造要受到诸多方面因素的影响和限制，如建筑的功能、建筑的艺术形式、建筑的材料、建筑的结构形式、社会的思想意识、建筑所处的环境等。抛开其他的制约因素，在这里主要探讨一下建筑材料和技术对建筑发展的影响与制约。

在人类社会发展的早期，人类活动的范围很小，对自然的改造能力极其有限，建筑中使用的材料都是天然的，就地取材，因地制宜，建筑结构是较简单的梁柱板结构，建筑的规模小、形式简单。奴隶社会发展起的拱券技术及建筑材料混凝土的使用，使建筑无论在高度上还是在跨度上都有所突破，出现了以古罗马万神庙为代表的，有大跨度、集中统一空间的建筑(图 1-54)。这时，建筑规模宏大，建筑技术精湛。近现代的特点是：发展速度快、知识更新换代周期缩短。随着人类社会的进步，新型材料和新技术不断地被应用到建筑当中，在人类的建筑实践中，限制建筑发展的技术难题一个个被突破。如我国的奥运场馆之一的国家游泳中心(图 1-55)，建造进程中遇到了膜结构的技术问题，经过技术人员的研究和实践，顺利地解决了这个问题，实现了建筑技术的创新。

图 1-54　古罗马万神庙内部空间

今天的建筑是在出现问题、解决问题，再出现问题、再解决问题的过程中不断进步的。人类建造通天塔的设想一定会由梦想变为现实。

图 1-55　国家游泳中心

第六节　注册建筑师制度

为了适应建立社会主义市场经济体制的需要，提高设计质量，强化建筑师的法律责任，保障人民生命和财产安全，维护国家利益，并逐步实现与发达国家工程设计管理体制接轨，由国家主管部门决定，我国实施注册建筑师制度，并于 1995 年颁发了《中华人民共和国注册建筑师条例》(以下简称《条例》)。

注册建筑师是指依法取得注册建筑师证书，并从事房屋建筑设计及相关业务的人员。

我国注册建筑师分为一级注册建筑师和二级注册建筑师。

国家建立全国注册建筑师管理委员会和省、自治区、直辖市注册建筑师管理委员会，依照《条例》负责注册建筑师的考试和注册的具体工作。

一、注册建筑师考试制度

国家实行注册建筑师全国统一考试制度，由全国注册建筑师管理委员会组织实施。《条例》对一级注册建筑师和二级注册建筑师考试申请者在学历、学位、专业、从业时间年限上均有具体规定。例如，《条例》规定，具有建筑设计技术(建筑学)专业四年制中专毕业学历，并从事建筑设计或者相关业务 5 年以上的人员，才具有申请参加二级注册建筑师考试的资格。

经过全国统一考试合格者，可取得相应的注册建筑师资格，并可以申请注册。

二、注册建筑师的注册与执业

一级注册建筑师的注册工作由全国注册建筑师管理委员会负责，二级注册建筑师的注册工作由省、自治区和直辖市注册建筑师管理委员会负责。注册建筑师的有效注册期为两年。有效期届满需继续注册的应在期满 30 日内办理注册手续。

注册建筑师的执业范围包括建筑设计、建筑设计技术咨询、建筑物调查与鉴定、对本人主持设计的项目进行施工指导和监督，以及国务院行政主管部门规定的其他业务。

注册建筑师执行业务，应当加入建筑设计单位。

一级注册建筑师是国际上承认的级别，执业范围不受建设规模和工程设计复杂程度的限制，并可与国际接轨。二级注册建筑师是根据我国国情设立的级别，执业范围不得超过国家规定的建筑规模和工程复杂程度(目前规定为工程设计等级3级及其以下的项目)。

《条例》对注册建筑师的权利、义务及应负的法律责任均有详细规定，作为职业道德标准的组成部分，要求从业人员应严格遵守。

第七节　建筑师的修养

要成为一个优秀的建筑师，除了需要具备渊博的知识和丰富的经验外，建筑修养是十分重要的，因为它是建筑师进行设计的灵魂。首先要有深厚的理论修养，要有寻找问题、分析问题并解决问题的能力，要有职业道德和责任心的修养，要有批评与自我批评的修养，要有脚踏实地的工作作风，要有全局观念和解决局部问题的修养，要有与他人友善共处的修养，以及要有各类科学知识的修养等。然而，修养水平的提高不是一蹴而就，打“短平快”、突击战就能做到的，它必须具有持之以恒的决心与毅力，通过日积月累不断努力来取得的。因此培养良好的学习习惯与作风是十分必要的。

培养向前人学习、向别人学习的习惯，以学习并积累相关的专业知识经验。

培养向生活学习的习惯，因为建筑从根本上说是为人的生活服务的，真正了解了生活中人的行为、需求、好恶，也就把握了建筑功能的本质需求。生活处处是学问，只要用心留意，平凡细微之中皆有不平凡的真知存在。

培养不断总结的习惯，通过不断总结已完成的设计过程，达到认识提高再认识的目的。许多著名建筑师无论走到哪里，常常把笔记本、速写本乃至剪报簿随身携带，正是这种良好习惯作风的具体体现。

建筑形态构成

第一节 概 述

一、建筑形态构成的研究对象

建筑形态是一种人工创造的物质形态。任何复杂的建筑形态都可以分解为简单的基本形体，通过基本形体间不同组合而形成不同的造型。在建筑设计中，大至平面、体形，小至梁柱门窗、檐板、铺地、花饰、线脚等构件，都可以抽象、提炼成为高度抽象化的形体基本要素——点、线、面、体构成，作为建筑形态构成的研究对象。

二、建筑形态构成的研究内容

其实建筑形态的设计是伴随着功能、技术和环境设计同时进行的思考过程，是形象思维和逻辑思维的结合，建筑设计的过程就是不断解决功能、技术、环境和形式的矛盾问题。为了便于分析，我们把建筑形态同建筑的功能、技术、经济、环境等因素分开，作为纯造型现象，抽象分解为一些具有一定几何规律的形体，同时排除了实际材料在建筑色彩、肌理、质地等方面的特性，突出其视觉特性。建筑形态构成研究的内容包括平面的构思、建筑整体造型和建筑界面构成以及细部构件处理等，将其抽象分解成为构成要素，研究它们的构成手法与规律。

第二节 建筑形态构成的基本要素

一、形体基本要素——点、线、面、体

（一）点要素

(1) 点要素的概念。点本身没有绝对的大小或形状，而在于大小对比关系。点要素在建筑空间里表示一个位置，在概念上是没有长度、深度和方向的。点要素在建筑形体中可以是各种形状，只要当点要素和周围的形相比，较小时就可以看成一个点。如朗香教堂立面上各种形状的窗，相比起如楼梯间、雨篷等其他部分构件，就可以看作为点要素，如图 2-1 所示。

(2) 点要素的位置。点要素一般出现在顶部、一个线要素的两端、两个线要素的交

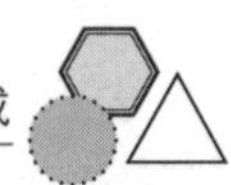

图 2-1　朗香教堂中的点要素(窗)

点、体块上的角点等,或者作为一个空间范围的中心,如广场平面中心的纪念碑就可以作为点要素。

(3) 点要素的作用与特征。点要素最主要的作用在于强调、确定轴线以及中心限定。作为力的中心,无论是建筑体量还是建筑空间中,点要素都具有构成重点的作用,并以场的形势控制其周围的空间。如位于法国诺曼底附近的圣米歇尔山,其山顶上的圣米歇尔教堂哥特式的尖顶高耸入云,无疑是整个山顶建筑群的制高点,如图 2-2 所示。

图 2-2　圣米歇尔山

点要素在空间如果要明显地标出位置,必须把点投影成垂直的线要素,如柱子、方尖碑或塔,所以一个柱状要素在平面上是被看作一个点,保持着点要素的视觉特征。如位于圣马可广场一角的钟楼高 98.6m,有 500 余年的历史,楼上有一口大钟,每到规定时间就自动敲响,洪亮的钟声响彻全城。登上钟楼可以俯瞰全城,是威尼斯的地标之一,也是统率圣马可广场的中心,如图 2-3 所示。

图 2-3　圣马可广场

（二）线要素

(1) 线要素的概念。线要素在建筑中是以其方向和方位在空间构成中起作用。

(2) 线要素的类型。建筑中线要素根据位置和方向可分为垂直线、水平线、曲弧线等几种类型。柱子是垂直线最常见的实例，梁或栏杆等构件则是水平线最常见的实例，而室内设计经常运用到的各种装饰线也是属于线要素的运用。

线要素又可分为实存线和虚存线。实存线有位置、方向和一定宽度，但以长度为主要特征，虚存线指视觉——心理意识到的线。一般实存线产生体量感，虚存线产生空间感。

(3) 线要素的作用与特征。线要素的主要作用体现在空间限定、空间形态、秩序建立与影响表面肌理等方面。作为空间限定的线要素，两个线要素之间可以形成一个虚面，暗示其中穿过该虚面的一个轴线，三根以上的线要素形成一个通透的虚面或者建立起一个视觉空间框架，如图 2-4 所示。

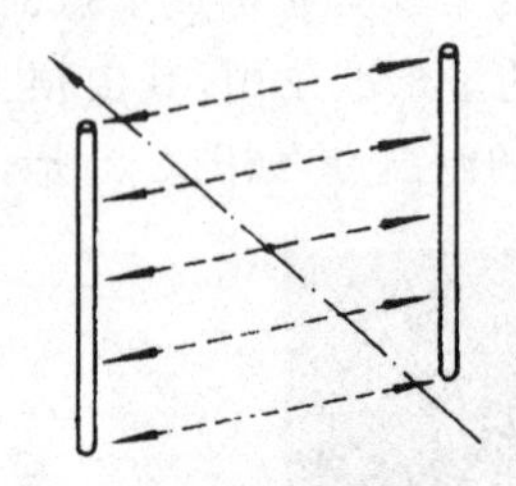
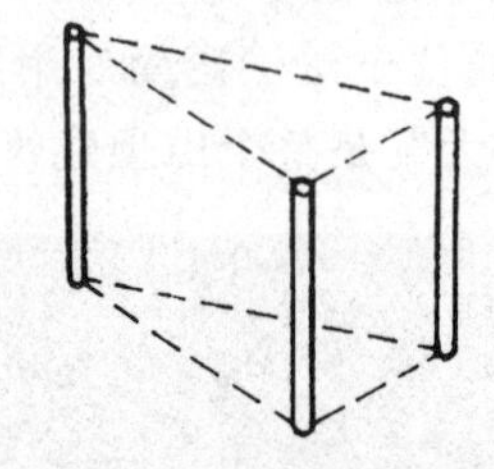
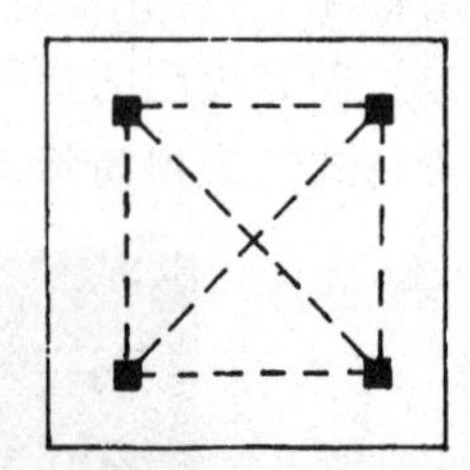

图 2-4　线要素的空间限定

四个垂直线要素则限定了一个明确的空间形状，如图 2-5 和图 2-6 所示。线要素还可以用于空间形态的创建，例如线性的建筑空间形态常用来解决与山地环境相结合的问题，或者为了营造一些特殊空间审美效果，如图 2-7 所示。线要素秩序的建立，轴线是建筑形式与空间组合中最基本的方法之一，轴线也许是建筑空间和形式组合中最原始的方法。虽然轴线是想象的，并不能真正看见，但它却是强有力支配全局的手段，如 1.9mile(1mile=1.6km)长的林荫大道一端是林肯纪念堂，另一端是国会山，中间是华盛顿纪念馆，形成了一条轴线关系，如图 2-8 所示。

图 2-5　泰姬陵

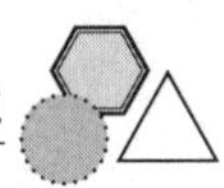

图 2-6　中国园林建筑

图 2-7　线性平面

图 2-8　华盛顿林荫大道

线要素还可以用来进行比例分割、改变尺度，或用作装饰构件。特别是尺度较小的线要素运用可以影响到建筑的表面质感。

（三）面要素

(1) 面要素的概念。面要素是二维的，由线要素进行某一方向上移动后产生的轨迹

或围合体的界面。

(2) 面要素的作用。面要素是建筑空间构成中最关键的要素，也是空间限定感最强的限定要素。在空间限定中，常将线材和块材组合成虚面来进行综合空间限定。如上海世博会小品建筑长廊的围合面就是由两种不同类型线材在空间上的不同组合形成的，如图 2-9 所示。

图 2-9　面要素——上海世博会小品建筑

(3) 面要素的类型。面要素可以分为实面和虚面；根据形状可以分成直面和曲面，如图 2-10 所示。根据位置可以分为水平面和垂直面；根据在建筑构件不同位置可以分为顶面、墙面和基面。里特维德的乌德勒支住宅是风格派建筑的代表作，也是现代主义建筑在别墅设计上的典范，运用在视觉上相互独立的构件创造出重叠、穿插的构成形式，通过面和线这两种元素的均衡与变化营造出灵活、丰富的建筑形态，如图 2-11 所示。

图 2-10　面类型——上海世博会小品建筑

(4) 面要素的特征。直面给人以延伸感、力度感，曲面给人以动感。用面限定空间在围合中营造封闭和开放的感觉。

图 2-11　乌德勒支住宅外景

（四）体要素

无论多么复杂的形体，都通过基本形体的组合、变化形成。基本形有以下几个类型：球体、柱体、锥体、立方体等，如图 2-12 所示。

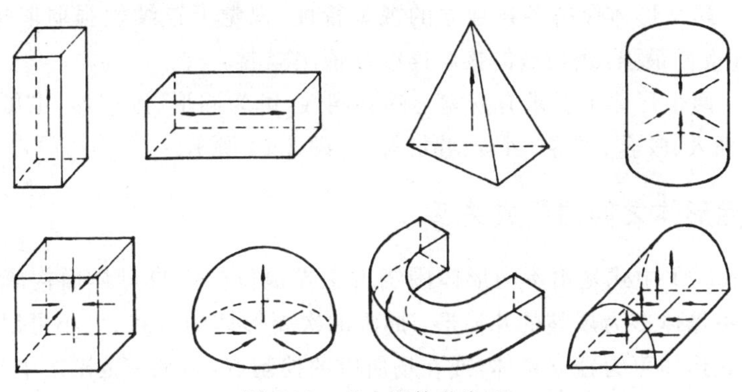

图 2-12　基本形体的类型

二、形体基本要素的关系

（一）基本形体的体形变化

(1) 增加。在基本形体上增加某些附加形体，但附加形体不应过多、过大，以免影响基本形体的性质与主导地位。

(2) 消减。在基本形体进行部分切挖，注意消减的量和部位会影响到原形的特征与视觉完整性。

(3) 拼镶。不同质感、形状的表皮肌理与材料并置、衔接，并做凹凸变化，造成形体上不同特征部分的对比变化。

(4) 倾斜。形体的垂直面与基准面形成一定角度的倾斜，也可使部分边棱或侧面倾斜，造成某种动势，但仍应保持整体的稳定感。

(5) 分裂。基本形体被切割后进行分离形成不同部分的对比，形体可以完全分开也可以局部分裂，但应注意保持整体统一性和完整性。

(6) 变异。收缩、膨胀、旋转与扭曲都属于变异的范围。

收缩是指形体垂直面沿高度渐次后退，是体量逐渐缩小的变化。收缩可以自上而下形成上大下小的倒置感。

膨胀是指基本形体在各个方向或某些方向上向外鼓出，使外表面变异成为曲面或曲线，使规则的几何体具有弹性和生长感。

旋转是指形体依据一定方向（水平或者垂直）旋转，使之产生强烈的动态和生长感。

扭曲是指基本形体在整体或局部上进行扭转或弯曲，使几何形体具有柔和、流动感，包括顶面和侧面的扭曲，如图 2-13 所示。

（二）基本形体之间的相互关系

(1) 连接。由第三方形体将两个有一定距离的形体连成为整体。连接体可不同于所连接的两个形体，造成体量上的变化，突出原有两个形体的特点。

(2) 分离。形体间保持一定距离，而具有一定的共同视觉特性。形体间的关系可作为方位上的改变，如平行、倒置、反转对称等，两者间距离不宜过大。

(3) 接触。两个形体保持各自独立的视觉特性，视觉上连续性强弱取决于接触的方式，面接触的连接性最强，线与点的接触连续性依次减弱。

(4) 相交。两个形体不要求有视觉上的共同性，可为同形、近似形，也可为对比形，两者的关系可为插入、咬合、贯穿、回转、叠加等，如图 2-14 所示。

（三）多元形体之间的构成关系

(1) 集中式。集中式是由不同形体围绕占主导地位的中央母体而构成，表现出强烈的向心性。中央母体多为规整的几何形：周围的次要形体的形状、大小可以相同，也可彼此不同。集中式形体可为独立单体，或在场所中的控制点，为某一范围之中心。

(2) 串联式。串联式是多个形体按照一定方向呈线状重复延伸构成。各形体可为完

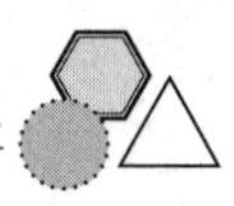

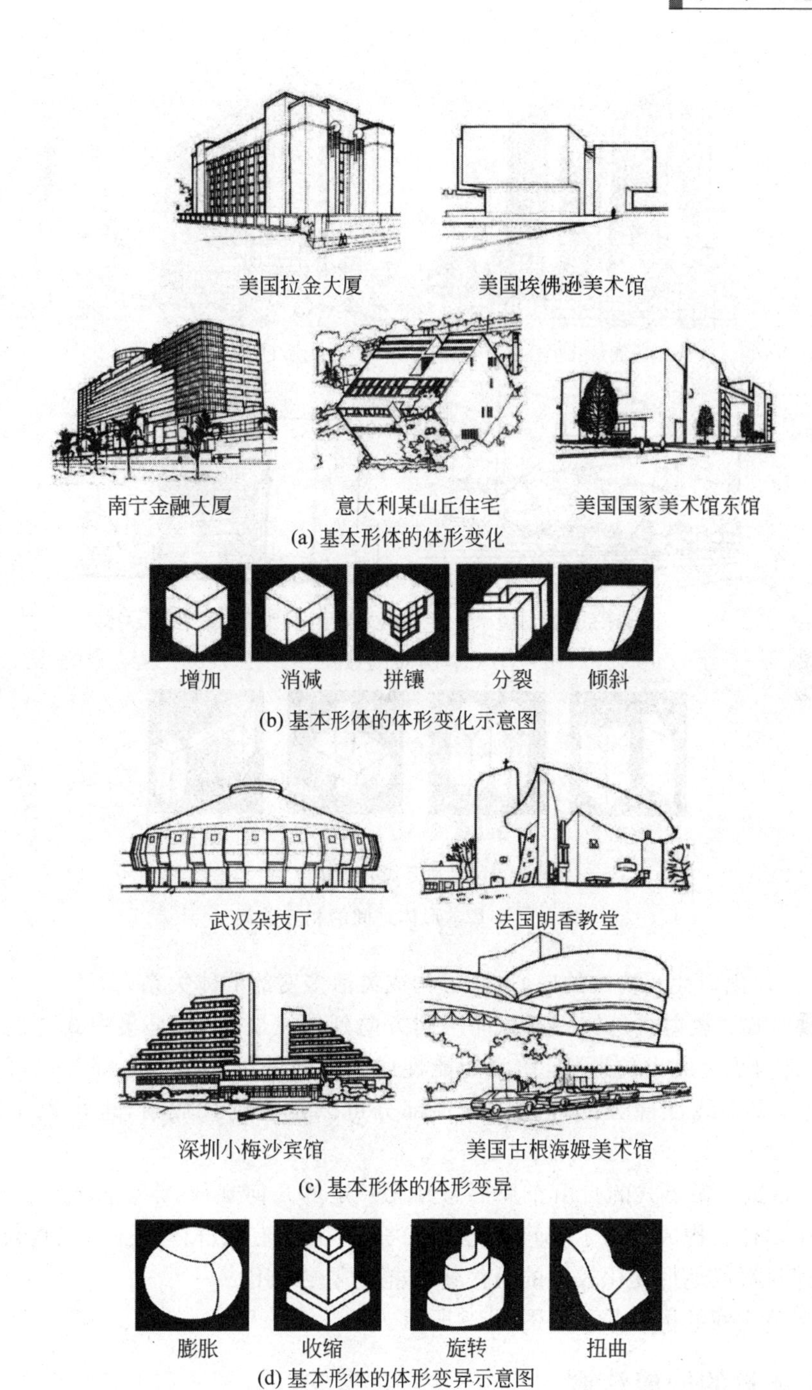

图 2-13　基本形体变化

全重复的相同单元体，也可为近似形体或不同形体。构成的轨迹可为直线、折线、曲线等，除平面线式外，也可沿垂直方向构成塔式形体。

(3) 组团式。组团式是依据各形体在尺寸、形状、朝向等方面具有相同视觉特征，或者具有类似的功能、共同的轴线等因素而建立起来的紧密联系所构成的群体。它不强调

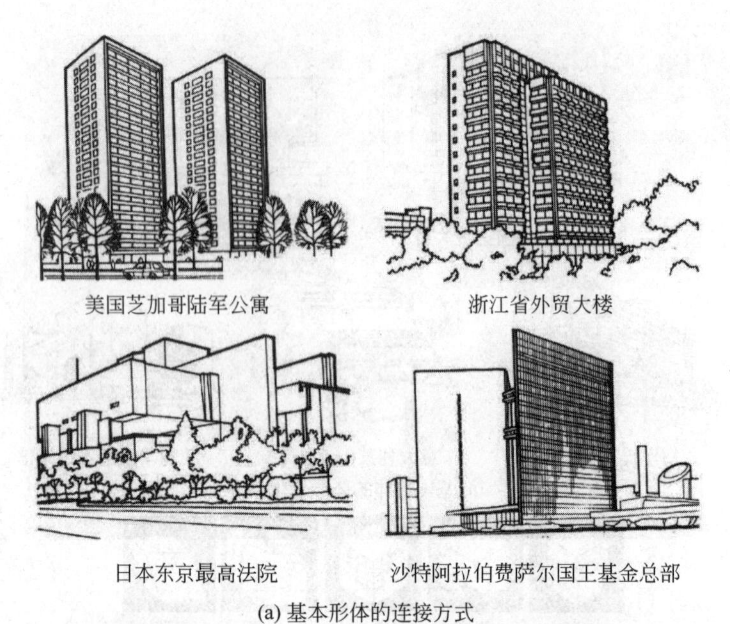

(a) 基本形体的连接方式

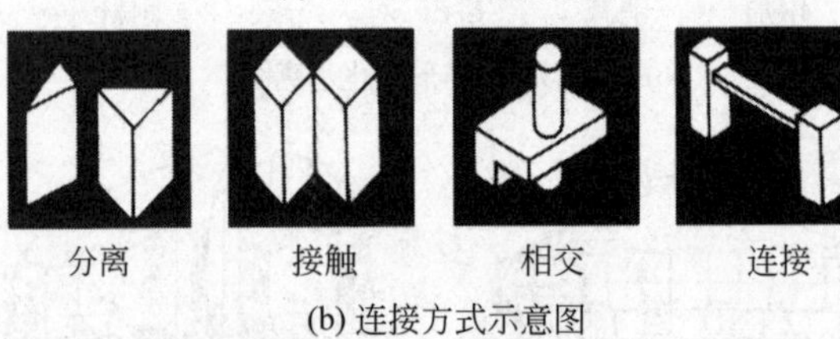

(b) 连接方式示意图

图 2-14 基本形体之间的相互关系

主次等级、几何规则性及整体的向心性,可构成灵活多变的群体关系。

(4) 放射式。放射式是核心部分向不同方向延伸发展构成,是集中式与线式的复合构成,核心部分可为突出的形体,作为功能性或象征性的中心。核心部分也可以是虚体(外部空间),突出线性部分的体量。线性部分可以是规则式放射,也可以是非规则式放射。

(5) 其他式。散点式的自由布局形态并无一定的几何规律,常依功能关系或道路骨架联系各个形体。构成既富于空间变化又不失整体感的有机群体。在功能复杂而密度较低的公共建筑群或地形变化较大的居住建筑群中常被采用。

多元形体之间的构成关系如图 2-15 所示。

三、建筑体量的构成法则

(一) 基本骨骼形式

(1) 重复。重复是基本形体反复出现,从其规律性、秩序性上产生节奏感。基本形体可为一种,也可为两种以上,但种类不宜过多,以免破坏整体感。

(2) 特异。特异是基本形体有规律性的重复,个别形体或要素突破规律,在形体、大小、方位、质感、色彩等方面出现明显改变,引起视觉上的刺激。

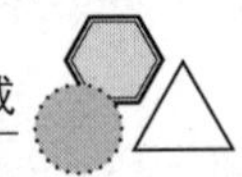

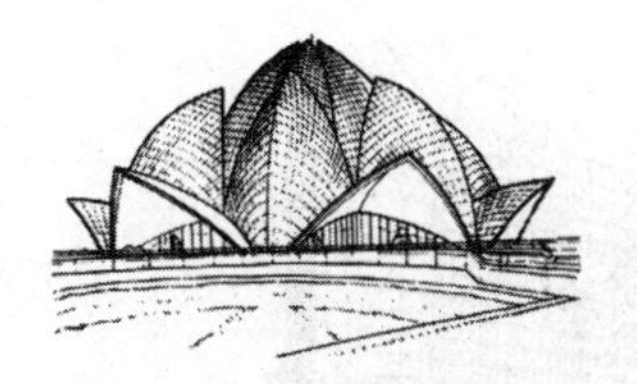

印度巴赫伊礼拜堂

日本富士乡村俱乐部

纽约林肯表演艺术中心

(a) 多元空间形态(1)

集中式

串联式

组团式

放射式

其他式

(b) 多元空间形态(2)

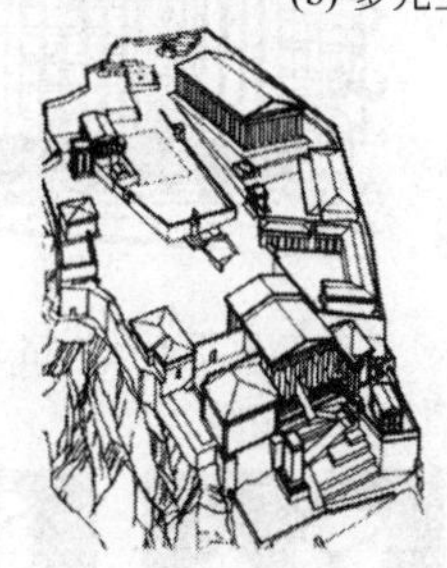

希腊雅典卫城

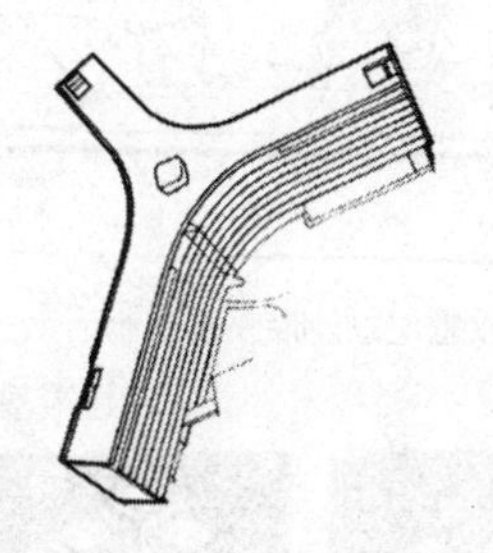

巴黎联合国教科文组织总部秘书处

(c) 多元空间形态示意图

图 2-15 多元形体之间的构成关系

(3) 渐变。渐变式基本形体在形状、大小、排列方向上按照一定级差有规律地改变，产生强烈的韵律感。

(4) 近似。近似是基本形体彼此在视觉因素上相似，形体构成要素上又有一定差异。其重复出现既有一定的连续性，又有一定的形态变化，如图 2-16 所示。

(二) 形式美学法则

在平面构成与立体构成中我们反复讨论到形式美学法则。形式美学法则已经成为现代设计的理论基础知识。形式美学法则是人类在创造美的形式、美的过程中对美的形式规律的经验总结和抽象概括。探讨形式美学法则，是所有设计学科共同的课题。

建筑物或建筑群各个部分的布局和组成形式，以及它们本身彼此之间和整体间的关系，就是所谓的建筑构图。建筑设计中运用一定的手法组织空间布局、处理建筑立面、细部等，以取得完美的建筑形式的技法，我们将此类理论称为建筑形式美学法则。建筑形式美法则很多，这里主要探讨对比、均衡、稳定和主从，如图 2-17 所示。

1. 对比

基本形体各有不同的空间、体量与方向的视觉特性，由此产生强烈的对比。对比可以是基本形体个体之间的对比，也可以是个别形体同群体进行形状、大小、质感、色彩、虚实等方面的对比。

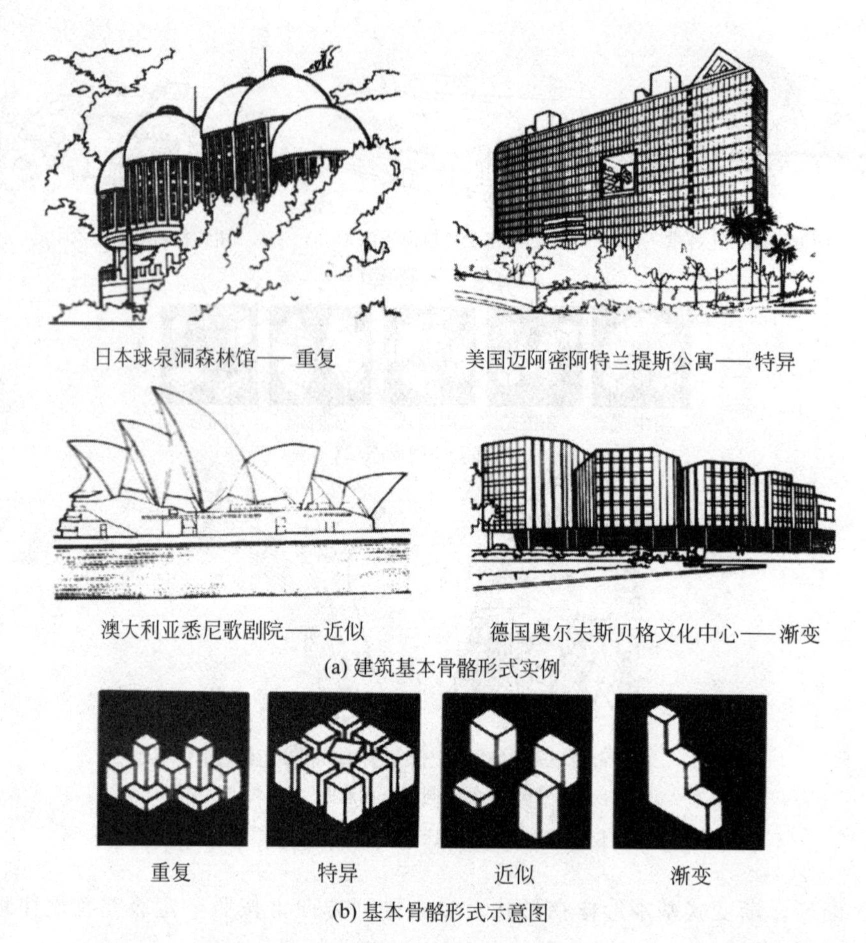

(a) 建筑基本骨骼形式实例

(b) 基本骨骼形式示意图

图 2-16　基本骨骼形式

2. 均衡

均衡包括对称均衡与不对称均衡。对称本身就是均衡的。由于中轴线两侧必须保持严格的制约关系,所以凡是对称的形式都能够获得统一性。中外建筑史上无数优秀的实例,都是因为采用了对称的组合形式而获得完整统一的。中国古代的宫殿、佛寺、陵墓等建筑,几乎都是通过对称布局把众多的建筑组合成为统一的建筑群。在西方,特别是从文艺复兴到 19 世纪后期,建筑师几乎都倾向于利用均衡对称的构图手法谋求整体的统一。

对称均衡由于构图受到严格的制约,往往不能适应现代建筑复杂的功能要求。现代建筑师常采用不对称均衡构图。不对称构成中较大体量靠近平衡中心,较小体量远离中心,以取得视觉心理上的整体感,构成中注意统一的比例和尺度关系。这种形式构图,因为没有严格的约束,适应性强,显得生动活泼。在中国古典园林中这种形式构图应用也很普遍。

3. 稳定

同均衡相联系的是稳定。处于地球重力场内的一切物体只有在重心最低和左右均衡的时候才有稳定的感觉,如下大上小的山、左右对称的人等。人眼习惯于稳定而均衡的组

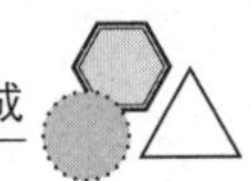

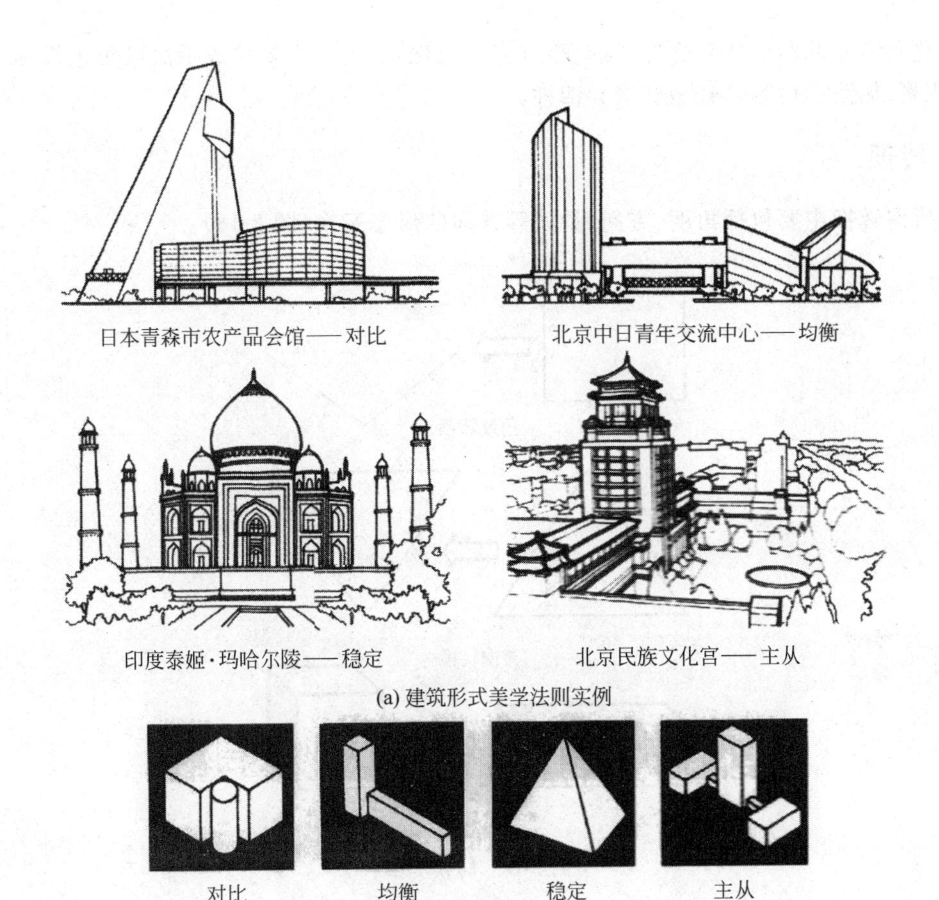

(a) 建筑形式美学法则实例

(b) 形式美学法则示意图

图 2-17　形式美学法则

合。均衡而稳定的建筑不仅是相对安全的，而且给人的感觉也是舒服的。

如果说均衡着重处理建筑构图中各要素左右或前后之间的轻重关系的话，那么稳定则着重考虑建筑整体上下之间的轻重关系。西方古典建筑几乎总是把下大上小、下重上轻、下实上虚奉为求得稳定的金科玉律。随着工程技术的进步，现代建筑师则不受这些约束，创造出许多同上述原则相对立的新的建筑形式。

4. 主从（等级）

在一个有机统一的基本形体或群体关系中，各个组成部分存在着主和从、重点和一般、核心和外围的差异。建筑构图为了达到统一，从平面组合到立面处理，从内部空间到外部形体，从细部处理到群体组合，都必须处理好主和从、重点和一般的关系。

第三节　形态构成方法——增减变换

任何复杂的形态都由简单的基本形态通过一定规律和手法变化组合而成。这种构成类型可简单归纳为基本形体自身的变化（一元变化）、基本形体彼此间相对关系的变化（二

元变化)、多元基本形体组合方式的变化(多元变化)三类。主要构成手法可集中概括为转换、积聚(加法)、切割(减法)和变异四种。

一、转换

所谓转换主要包括角度、方向、量度等方面的形态变换(图 2-18)。

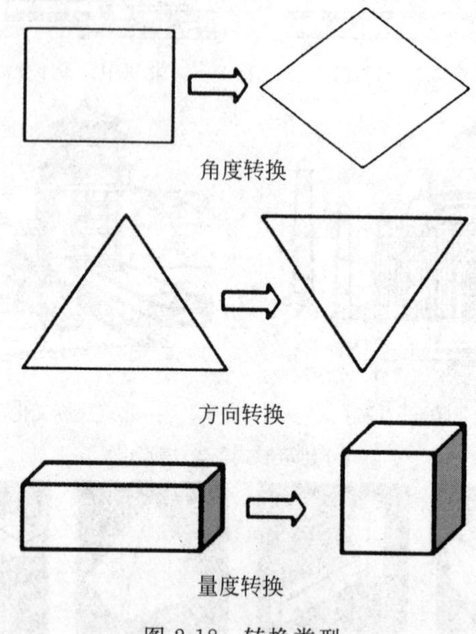

图 2-18　转换类型

(一) 角度转换

角度转换是指改变基本形体的局部方向,产生外形角度变化的效果。安藤忠雄的光之教堂(图 2-19)主体矩形建筑被一片独立墙体以 15°倾角切成大小两部分,小的为入口,大的为教堂。建筑的终端墙体开有十字形孔隙,阳光从中透过,携着历史的永恒,带着时间的流逝,一起涌入室内。在光的笼罩下,每一处细部镌刻了生活细节的周密细腻,素雅质朴,亲切动人。

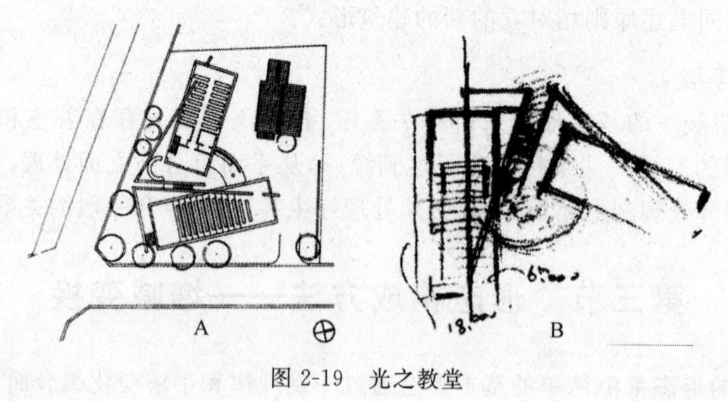

图 2-19　光之教堂

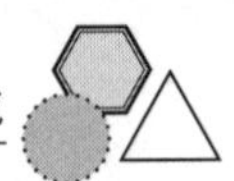

（二）方向转换

方向转换是指改变基本形体的放置方向，与正置的形体相比，斜置与倒置的形体给人更强烈的视觉冲击效果。在巴西利亚国会大厦(图 2-20)中，参、众议院宛如正、反放置的两个巨碗。开口向上的为众议院，意为面向公众开放；底面朝天的为参议院，暗示严守国家机密。一正一反的辩证设计，巧妙地隐喻了两个机构的不同职能。

图 2-20　巴西利亚国会大厦

（三）量度转换

量度转换是指通过改变形体的量度使其产生变化，同时保持着本体的特征。在福特沃斯现代美术博物馆(图 2-21)中，整体建筑由 5 个矩形混凝土盒子平行排列而成，其中两列长的是公共空间，三列短的则是展览空间。这些盒子列队驻足水面，参差有度，秩序分明。

图 2-21　福特沃斯现代美术博物馆

二、积聚

积聚是在基本形体的基础上增添附加形，或多个形体进行堆积、组合形成新的形体，使整体充实丰富，积聚的过程可视为加法操作。

（一）二元体的积聚

二元体的积聚方式包括分离、接触、穿插、融合四种（图 2-22）。

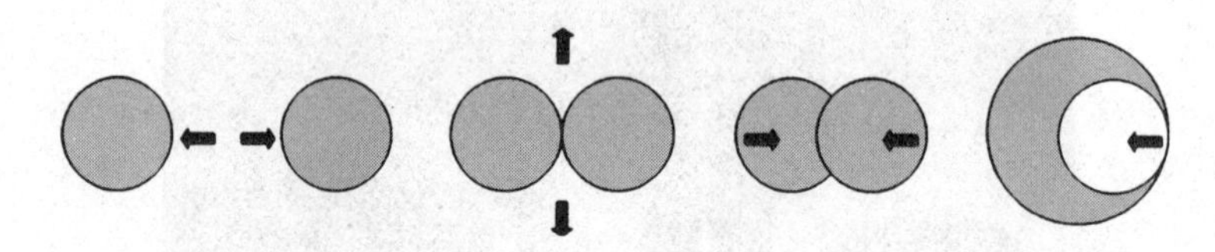

图 2-22　二元体的积聚方式

1. 分离（张力）

分离是指形体之间相互靠近，具有共同的视觉特点（形状、色彩、质感），彼此并没有实质性的接触，而是靠心理产生的空间张力联系在一起。

桂林日月双塔（图 2-23）比肩垂于杉湖水面，笔立擎天，高耸入云，湖光山色的平缓宁和更加反衬了双塔的隽秀挺拔，画面集平远的开阔与高远的崔嵬于一体，精妙绝伦。

图 2-23　桂林日月双塔

2. 接触（邻接）

接触包括边的接触和面的接触。边的接触是形体之间共享棱边，面的接触是形体之间依靠接触面紧密相连。

河南博物院（图 2-24）以观星台为原型，塑造了两棱台正反相扣的建筑形象。整体建筑以雄浑博大的“中原之气”为核心，线条简洁遒劲，造型新颖别致，体态庄重，气势恢宏，堪称一座凝聚着中原文化特色的标志性建筑。

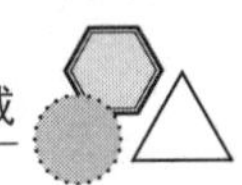

图 2-24　河南博物院

3. 穿插（相交）

穿插即形体相互贯穿到彼此的空间中，穿插的形体具有较强的视觉冲击力。

宁波美术馆(图 2-25)凸起的入口(宛如张开的嘴)套嵌于主体建筑中；栈桥延伸而出(恰似伸长的舌头)，通向外界。连续应用的形体穿插，在丰富造型的同时实现了空间由外而内的自然过渡。

图 2-25　宁波美术馆

4. 融合（包容）

融合是指小的形体融入大的形体中，小的形体失去了控制外部空间的作用。

金华瓷屋(图 2-26)取型抄手砚，砚首在南，砚尾在北，盛风和水。东西墙遍开小孔，孔小称窍，光线散落而入。粗犷的砖石外框内嵌套了光洁的玻璃盒子，造型简洁，手法洗练。

（二）多元体的积聚

多元体的积聚是由个体汇集结合成群体的过程。积聚中单体数量越多、密集程度越高，整体的积聚性越强，而单体的个性和独立性越弱。

图 2-26 金华瓷屋

多元体的积聚方式有线式、集中式、放射式、组团式和网格式五种(图 2-27)。

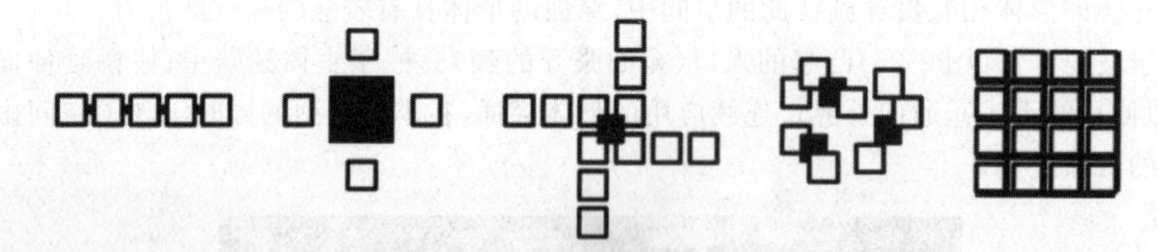

图 2-27 多元体的积聚方式

1. 线式组合

线式组合即由若干个单元体按一定方向相连接,形成序列,具有明确的方向性,并呈运动、延伸、增长的趋势。

建于西南太平洋新喀里多尼亚努美阿半岛上的芝柏文化中心(图 2-28)由一列高低错

图 2-28 芝柏文化中心

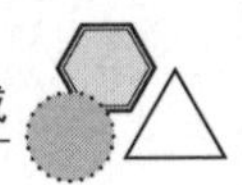

落、状如竹笼的“棚屋”三四成组、一字展开，在展开过程中，向心的纪念空间变成发散的漫步通道，祈祷的静默化为朝圣途中的欢愉。

建筑周壁广泛采用百叶窗。它们的开启如帆之升落一样，任凭风向、风力调节自如。当海风鼓起叶叶风帆时，也滑进片片百叶，经由参差错落的空间，传达起伏变化的意绪：或轻拂海岸的细语，或穿越林海的回响，或惊涛拍岸的咆哮……凡此种种，不绝于耳，耐人寻味。

2. 集中式组合

集中式组合是指一定数量单元体围绕某一中心呈内向型布局，具有显著的向心性和稳定性。

孟加拉国议会大厦(图 2-29)采用了八边形的组合形式，中央议会厅是整个设计的中心环节。南向是过厅，通向祈祷厅；北向是门厅，通向总统广场和花园。为防止日晒、雨淋和眩光，大厦外表层建有幽深的前廊。墙体上开着方形、圆形或三角形的大孔洞。其形象厚重粗犷、原始神秘，符合当地的人文地理特点。

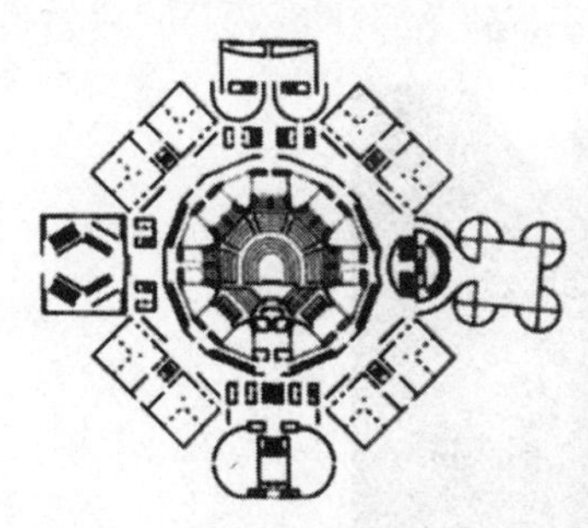

图 2-29　孟加拉国议会大厦

3. 放射式组合

放射式综合了线式和集中式两种组合特征，构成由中心向外发散的布局形态，具有较强的离心性并富有动感。

考夫曼沙漠别墅(图 2-30)以起居室为中心四向延伸，在东南西北四隅分布着主卧室、车库、服务房和客房。自由的十字形组合赋予空间强烈的动势，同时形成主次分明的流线。平行墙的应用强化了空间的流动性，设计新颖时尚而不失端庄优雅，空间极富动感又渗透着宁静和谐。行走其中，缓缓流淌着交融之美。

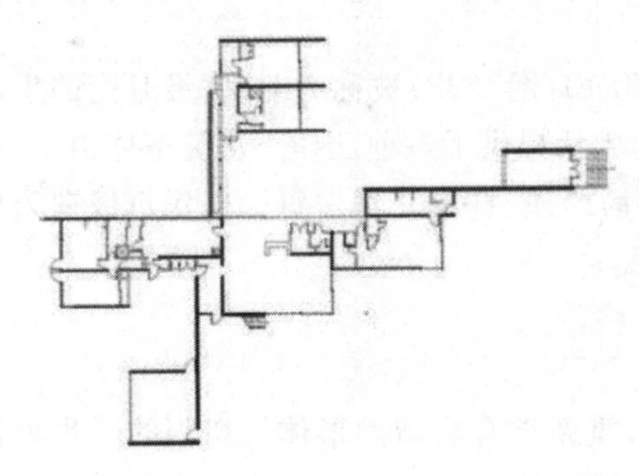

图 2-30　考夫曼沙漠别墅

4. 组团式组合

组团式组合由单元体随机拼凑而成，具有较强的灵活性和变化性，呈自由灵动的布局特征。

理查德森医学研究楼(图 2-31)由各自独立的塔楼组合成连续变化的序列空间，塔楼内分布着实验室和动物室，并附有进风口、排风口、楼梯间等配套空间，在强调被服务空间与服务空间辩证关系的同时丰富了建筑的立面造型。

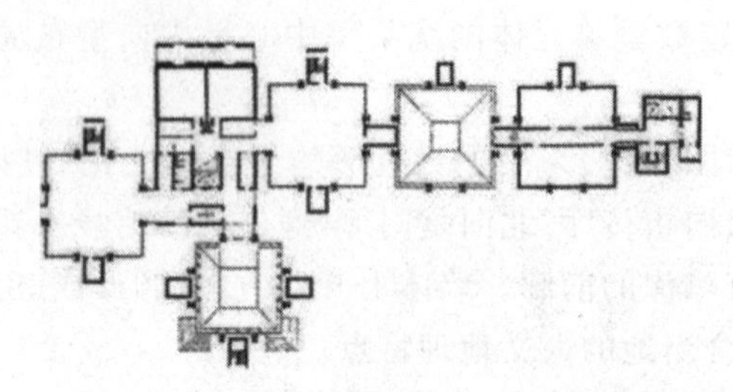

(a) 理查德森医学研究楼平面图

(b) 理查德森医学研究楼部分

图 2-31　理查德森医学研究楼

5. 网格式组合

网格式组合由单元体有序排列而成，具有强烈的秩序性和整体性，网格的存在有助于产生连续统一的节奏感。

北京建外 SOHO(Small Office Home Office)(图 2-32)被称为北京“最时尚的生活橱窗”，诚如其名，其功能集办公、居住于一体，为生活提供了多种选择。建筑整体由 20 栋塔楼、4 栋别墅、16 条小街组成，呈阵列分布，布局严谨、秩序井然。每一栋建筑被视为城市的一个细胞，拥有繁殖成为一整座城市的潜能。

三、切割

切割即对原形进行分割处理，产生的子形重新组合成新的形体。切割的过程可视为减法操作，操作方法可分为分割、消减和移位三种。

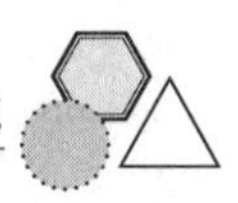

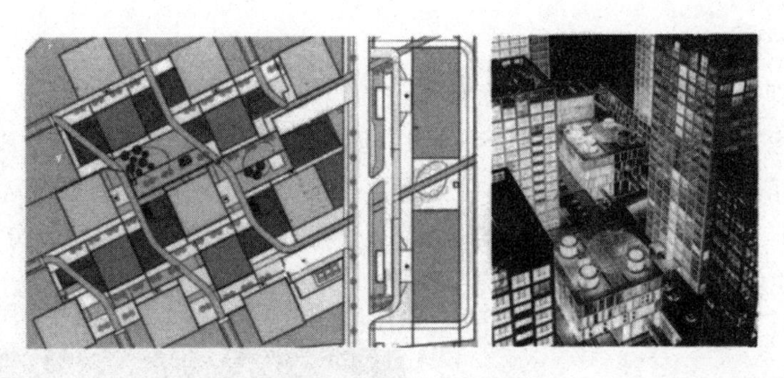

图 2-32　北京建外 SOHO

（一）分割

分割即对基本形体进行不同方向的划分，使整体分成若干部分，总体保持不变。分割的手法有等形分割、等量分割、比例分割和自由分割四种（图 2-33）。

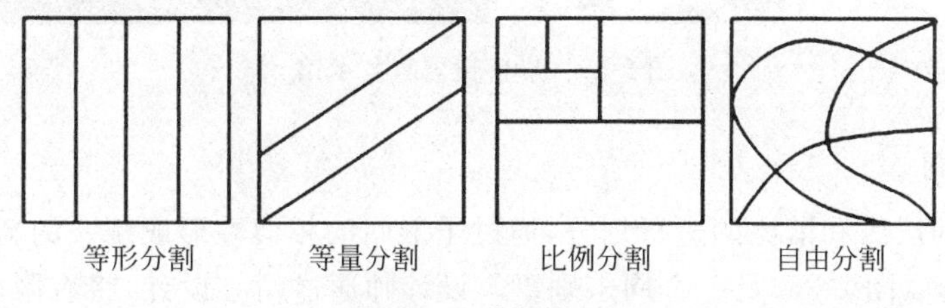

图 2-33　分割类型

1. 等形分割

等形分割即分割后的子形相同，彼此间易于协调。

住吉的长屋（图 2-34）在极其有限的用地条件（14m×4m）下，将平面平均划分为三段，两端为房间，中间是庭院。中空的庭院为建筑提供了良好的采光和通风环境，容纳了“光线、声音、气味、雨水甚至是雪”的中庭为业主提供了接触自然的途径，创造了诗意的栖息环境，而成为住宅的中心。

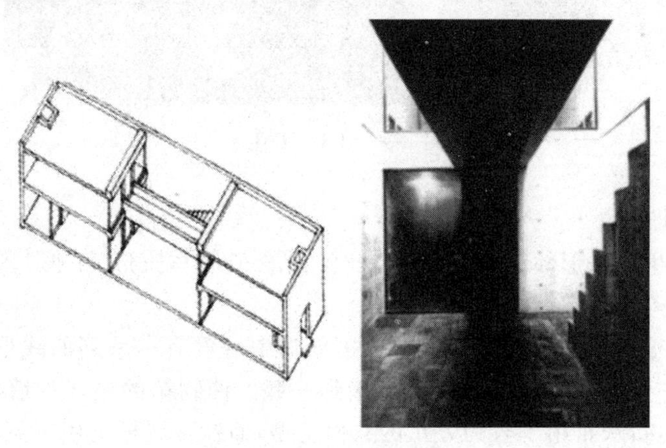

图 2-34　住吉的长屋

2. 等量分割

等量分割即分割后的子形体量、面积大致相当，而形状不一，不易协调。

华盛顿国家艺术馆(图 2-35)结合梯形用地，用一条对角线把梯形分成两个三角形。西北部为展览馆，呈等腰三角形，三个端点上突起四棱柱体。东南部为研究中心和行政管理用房，呈直角三角形。对角线上筑实墙，两部分在第四层相通。这种划分使两部分在体形上虽有明显区别，但又不失为一个统一整体。

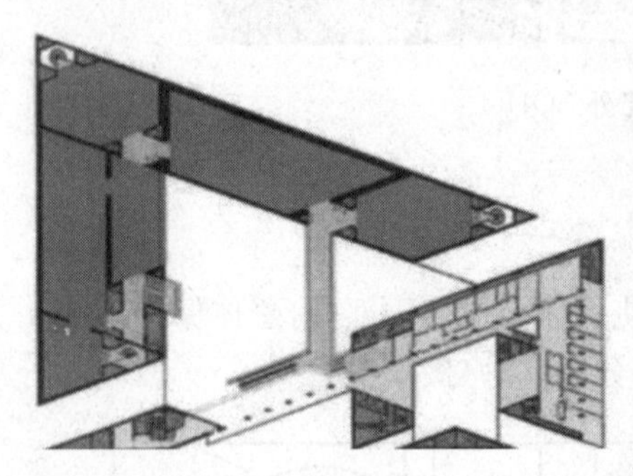

图 2-35　华盛顿国家艺术馆

3. 比例分割

比例分割即按照和谐比例进行划分，通过子形间的相似性形成统一的新形。

HUt T 住宅(图 2-36)是一个周末别墅。设计师通过精心设计，将有限的内部空间按比例分割成主室、附室、交通空间和辅助用房四部分，每一部分自成一体，保持了空间的完整性，且各部分间相处融洽，联系紧密，蕴含了深刻的逻辑性。就造型而言，HUt T 住宅体量轻盈、造型简洁，且与环境融为一体，浑然天成。

图 2-36　HUt T 住宅

4. 自由分割

自由分割产生的子形缺乏相似性，因此须注意子形与原形、子形与子形之间的关系处理。

毕尔巴鄂古根海姆博物馆(图 2-37)的主入口中庭设有一系列曲线形天桥、玻璃电梯和楼梯塔，将集中于三个楼层上的展廊连接到一起。博物馆的主要外墙材料为石灰石和钛金属板。其中，石灰石用于较为方正的立面造型，而钛金属板则用于灵活自由的外立面装饰。大片的幕墙构成了城市中一道壮观的河畔美景。

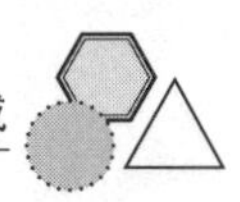

图 2-37　毕尔巴鄂古根海姆博物馆

（二）消减

消减是在基本形体的基础上减掉一部分，原形仍保持完整性。根据消减程度的不同，形体可以保持最初特征，或转化为另一种形式。具体手法包括减缺和穿孔（图 2-38）。

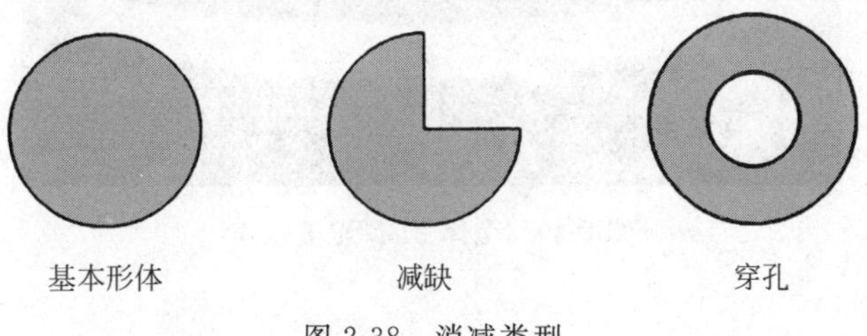

图 2-38　消减类型

1. 减缺

减缺即消减的部分位于基本形体的边缘，产生的新形较原形轮廓产生了变化。

兰希拉 1 号楼（图 2-39）的立方体表面掏挖了一系列错落有致的台阶状洞口，大面积

图 2-39　兰希拉 1 号楼

方窗阵列上更平添装饰性圆窗一行，远远望去，几何语汇相与迭现。屋顶植小树一株，其枯荣往复之象，昭示了春去秋来、周而复始的时间历程。

2. 穿孔

穿孔是指消减的部分位于基本形体内部，产生的新形与原形轮廓一致。

金泽21世纪美术馆(图2-40)以巨型圆盘为底，其上开有大小不一、高低错落的立方体及圆柱体孔洞，展区散落分布于基地中，并有高下之分：高处借由天窗采光，低处则透过玻璃墙采光。白天，展馆内部拥有均匀的日照，明亮洁净；夜晚，晶莹的光线透出玻璃围墙，整个建筑宛如悬浮于光柱之上，如梦如幻。

图2-40　金泽21世纪美术馆

（三）移位

移位即分割后的形体在位置上进行重新组合，构成具有统一效果的新形。具体手法包括移动和错位(图2-41)。

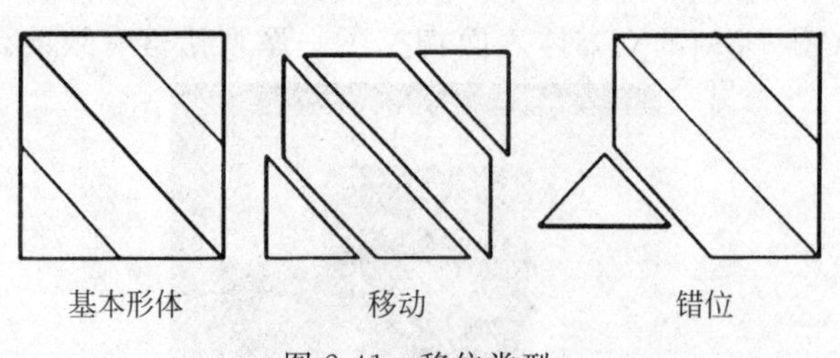

图2-41　移位类型

1. 移动

移动是指在基本形体的基础上进行切割，产生的子形前后错动、但方向不变，与原形具有较强的相似性。

新当代艺术博物馆(图2-42)以六个矩形盒子错落叠加的形式呈现于世人面前，就像随意堆叠的积木，六个盒子为六个不同主题画廊，拥有不同的楼层面积和天花板高度，朝向不同的方位，以获得开放、灵活的展览空间。建筑外敷铝质网格，以其轻盈绝世的身姿

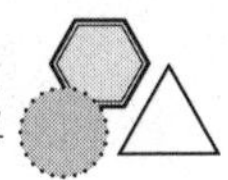

放慢了都市追名逐利的步伐。

图 2-42　新当代艺术博物馆

2. 错位

错位是指切割后的子形在方向位置上发生了变化，产生的新形与原形具有明显差异。

校园博物馆建筑(图 2-43)由七个单元体旋转叠加而成。建筑以变换的角度、错迭的方向打破了传统的空间维度和视觉限定，为我们呈现了纷繁复杂、矛盾变化的世界。

图 2-43　校园博物馆建筑

四、变异

变异可理解为非常规的形态变化，通过对原形的瓦解，在视觉上产生紧张感。变异的结果称为写形。写形的混乱无序恰与原形的规整有序相对照。变异的手法包括扭曲、挤压(拉伸)和膨胀(收缩)等(图 2-44)。

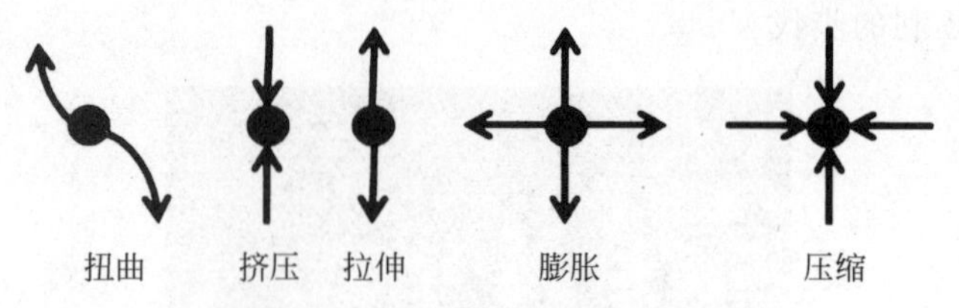

图 2-44　变异类型及受力分析

（一）扭曲

在扭曲变形中，破坏原形的力以曲线方向进行。弯、卷、扭均属于扭曲变形。

重庆森林（图 2-45）的设计灵感源于国画中层峦叠嶂的群山，建筑通过向上扭转摇曳的身躯、层层悬浮错动的楼板，容纳了风和光线的流动变换，流露出气韵生动的自然之美。

图 2-45　重庆森林

（二）挤压（拉伸）

在挤压（拉伸）过程中，破坏原形的力以直线方式进行。

广州国际生物岛太阳系广场（图 2-46）中，建筑以开放包容的姿态铺陈漂浮于基地之上，最大限度地保护和利用了地面上原本自然美好的开放空间。

（三）膨胀（收缩）

在膨胀（收缩）过程中，破坏原形的力以一点为中心向外扩散（向内凝聚）。

国家大剧院（图 2-47）采用膨胀的半椭球体，以象征笼罩在外部宁静下的内在活力。巨大的半球仿佛一颗孕育生命的种子，在水面倒影下形成一个静穆雄浑而又生机盎然的完美形体。

移动的中国城（图 2-48）则将未来的中国城模型浓缩成一颗游荡的行星，作为一个空

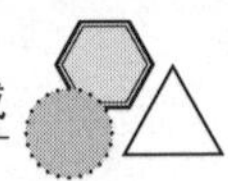

图 2-46　广州国际生物岛太阳系广场

图 2-47　国家大剧院

中居所，它不仅拥有湖泊、雪山和梯田等自然景观，还具有养生中心、体育场等人工场所，是一个融合了技术与自然、未来与人文的梦想家园。

图 2-48　移动的中国城

第四节　形态构成中的心理和审美

绝大多数情况下，我们都会要求形态构成具有审美的价值，造型必须是美的。运用前面讲述的造型的基本知识和方法，可以生产出各种各样的形——这就犹如一堆待筛选的原料，而审美的心理则如同过滤的筛子，它仅仅将符合人们审美心理要求的那些形态留下。经过分析筛选，我们归纳出塑造美的造型的规律——即所谓的形式美学法则。审美的法则在缓慢地变化着，今天我们对形式审美的范围比过去扩展了。过去一些不被人接纳的形态也纳入了今天的审美范畴。随着人们认知上的变化，这种审美的范围还将继续缓慢地变化。形态构成的审美法则是人们的审美意识的一种反映，而形态构成自身的构造规律是客观的。与审美意识相比，构形的规律要稳定得多。从这个意义上讲，掌握构形的方法、规律是基本，审美意识的提高则依赖于自身的修养。只有将这两方面结合起来，才能使我们在这方面的能力趋于完备。

一、形态的视知觉

从视觉的生理到视觉的心理到审美意识，这其中有着复杂的关系，不是我们能够轻易解释清楚的。这里只简单介绍几种形态的视知觉情形，主要依据完形心理学的理论。其要义即：整体是有别于其中间各部分的整合。

（一）单纯化原理

形的要素变化（如长短、方位、角度的变化，基本单元的形状变化等）越小、数量越少，就越容易被人认识把握。这就解释了为什么人们对简单的几何形比较偏爱，如圆形、方形、三角形、球体、立方体、锥体等简单的几何形较早地出现在人类的建筑造型之中。对于复杂的形体，人们也倾向于将它们分解成简单的形和构造去理解。构造简单的形容易识别，而尽可能地以简单的形和构造去认识对象的方法，就称为单纯化原理（图 2-49）。图 2-50 为图形复杂程度的比较，圆形的边界与圆心的距离处处相等，所以较简单；正方形的边长及四个角相等，方位却互为镜像对称，变化的因素增加，所以较复杂；三角形的边长、角等都有变化，所以是三者中最复杂的。

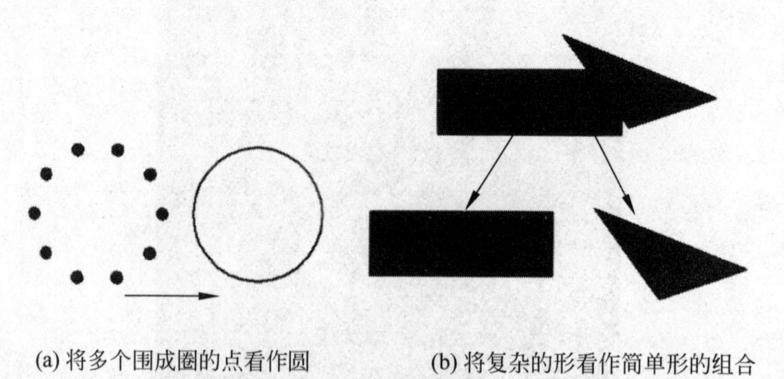

(a) 将多个围成圈的点看作圆　　(b) 将复杂的形看作简单形的组合

图 2-49　单纯化原理

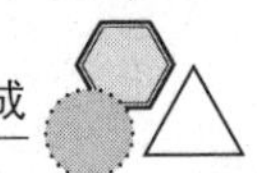

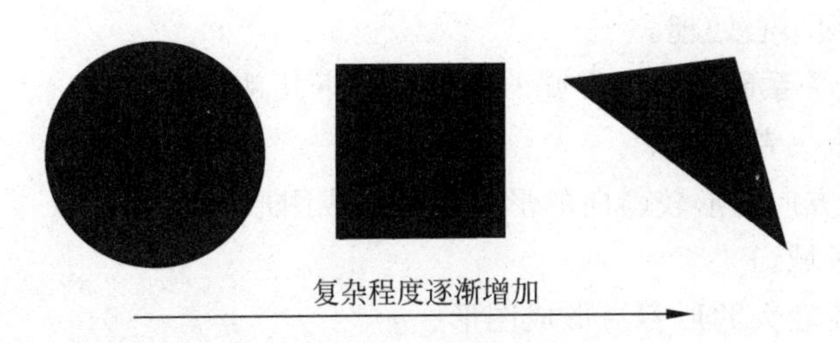

图 2-50　复杂程度的比较

这个原理告诉人们，要尽量从简单的形体出发去构造作品，最终的成果复杂程度也要有一定的度，不能超出视知觉的把握范围。即使是复杂的形态也要将它分解成简单形去处理。

（二）群化法则

群化法则指的是部分和整体的关系（图 2-51）。各部分之间由于在形状、大小、颜色、方向等方面存在着相似或对比，并且各部分的间距较小，空间感弱，实体感强，使各部分之间联系起来形成整体。具体而言，群化法则包含以下几方面内容：相似性、接近性、同向性、连续性、封闭性。

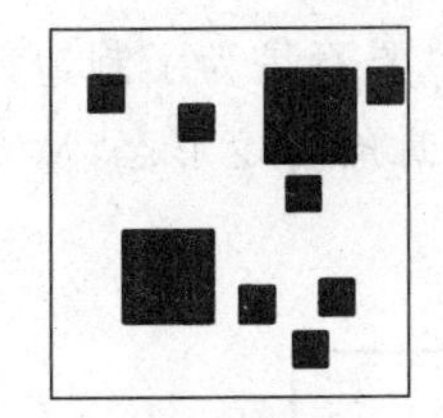

(a) 由相似的形组成的群体

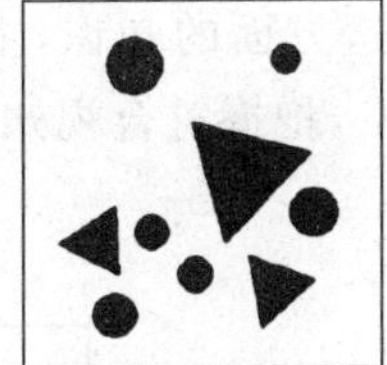

(b) 由接近的形组成的群体

(c) 由方向类似的形组成的群体

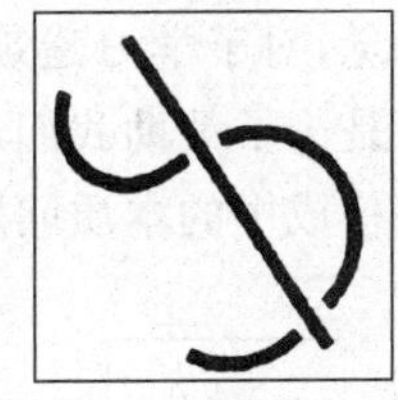

(d) 由连续的形组成的群体

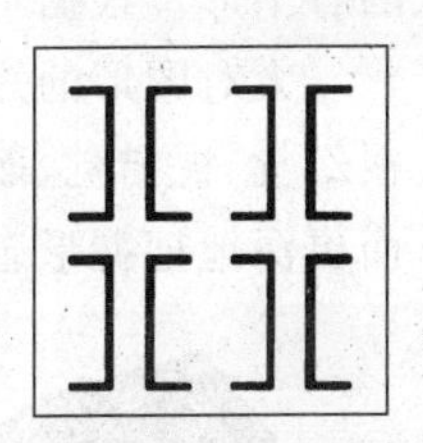

(e) 由封闭的形组成的群体

图 2-51　各种群化的图形

（三）图底关系

对“形”的认识是依赖于其周围环境的关系而产生的。它指的是：人们在观察某一范围时，把部分要素突出作为图形而把其余部分作为背景的视知觉方式。“图”指的就是人们看到的“形”，“底”就是“图”的背景。

如图 2-52 所示的鲁宾杯是一个著名的图底反转的例子。当我们把黑色部分作为图形看待时是一个杯子；而把白色部分作为图形时则是两个人头的侧影。这幅图非常形象地说明了图形和背景的相互依存关系。

图 2-52　鲁宾杯

图底关系对于强调主体、重点有重要的意义。了解了这个规律，就能把需要突出强调的部分安排为“图”，把不需要突出强调的部分安排为“底”。图底反转是图底关系的一种特殊情况，此时，“图”和“底”都可能成为关注的焦点，在构成处理中须小心处理。

什么样的图底关系能形成图形呢？主要有以下几种情况。

- 居于视野中央者。
- 水平、垂直方向的形较斜向的形更容易形成图形。
- 被包围的领域。
- 较小的形比较大的形容易形成图形。
- 异质的形较同质的形容易形成图形。
- 对比的形较非对比的形容易形成图形。
- 群化的形态。
- 曾经有过体验的形体容易形成图形。

应当指出的是，图底关系并非是仅仅存在于平面构成中的现象，它指的是广泛意义上的图形和周围背景的关系，它反映了人们如何认识图形和背景的规律。

（四）图形层次

在立体构成中，从观察的角度看，形与形之间存在着明确、实在的前后关系，这也就是人们所说的层次（图 2-53）。在平面构成中，人们也倾向以这样的关系去认识平面图形中的各个形。根据不同的平面图形关系，可确定其中各个形的前后层次关系。

人对图形的知觉，对于学习建筑学的人来说，了解这方面的知识，主要不是为了制造视幻觉、视错觉，而是为了帮助我们从视知觉的角度出发，把握符合视知觉的特定形态，从而更深地把握形态构成中的本质问题。

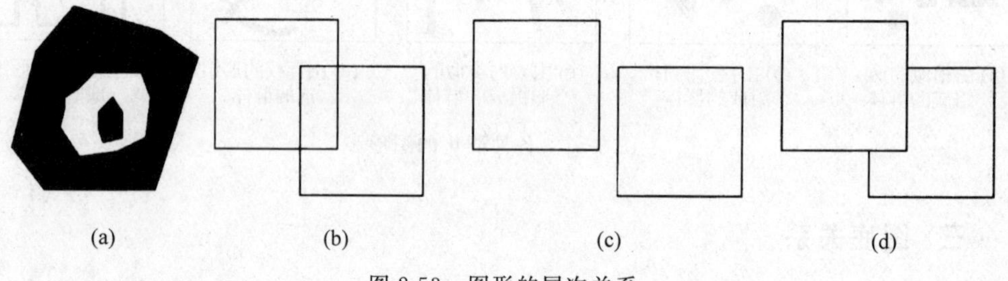

图 2-53　图形的层次关系

二、形态的心理感受

对形态的心理感受往往有以下几种方式。

（一）量感

量感就是对形态在体量上的心理把握。形的轮廓、颜色、质地等都会影响人们对形的量的感受、判断。图 2-54 显示出同样的形，颜色越深，其感觉就越重。图 2-55 显示出同样的面积，三角形让人感觉最大，正方形次之，圆形最小。

图 2-54　深色的图形感觉重

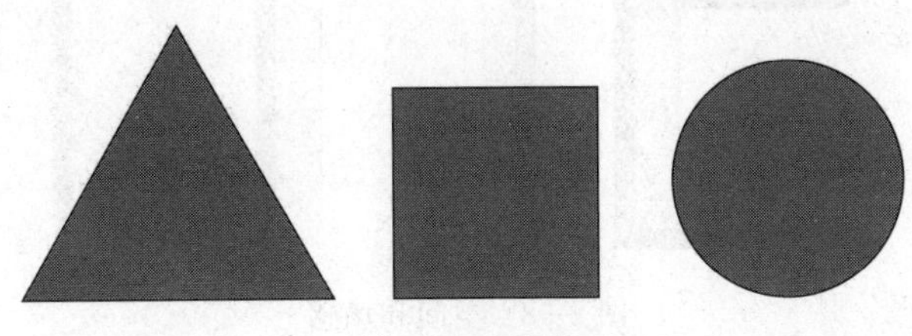

图 2-55　量感

（二）力感和动感

由于实际生活中对力、运动的体验，使人们在看到某些类似的形态时会产生力感和动感，例如弧状的形呈现受力状，产生力感；倾斜的形产生动感(图 2-56 和图 2-57)。

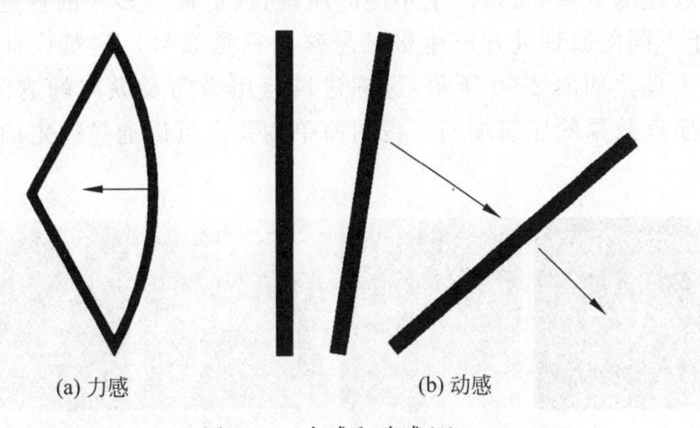

图 2-56　力感和动感(1)

图 2-57　力感和动感(2)

（三）空间和场感

场感是人的心理感受到的形对周围的影响范围。由于这种心理感受，使我们产生了空间感。空间感必须以体形作为媒介才能产生，完全的虚空并非我们构成意义上的空间。不同的形状及围合程度产生不同的空间及场感(图 2-58)。

图 2-58　空间和场感

（四）质感和肌理

质感是人们对形的质地的心理感受，如石材显得坚硬，金属显得冰冷，木材显得温暖……各种材质能给我们带来软、硬、热、冷、干、湿等丰富的感觉，如图 2-59 所示。通过对形的表面纹理的处理，可以产生不同的肌理，创造极为多样的视觉感受。同样材质的形，也会由于不同的肌理处理产生极其悬殊的视觉效果。建筑设计常常运用质感与肌理的效果来表现。如图 2-60 所示，这栋建筑运用横向及纵向的遮阳板的排列组合，形成具有丰富肌理效果的建筑墙面。说明简单的要素可以通过一定的排列方式而产生特定的肌理。

(a) 质感

(b) 肌理

图 2-59　不同材质有不同的质感和肌理

（五）错觉和幻觉

尽管这不是人们主要关心的问题——它也许对美术设计更重要，但是也不妨了解一

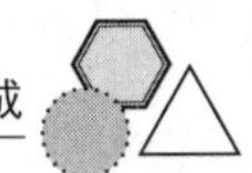

图 2-60　质感和肌理

下。错觉是人们对形的错误判断，幻觉是由形引起的人的一种想象，二者有细微的差别。古希腊的帕提农神庙就利用了视错觉，其立面上的柱子都微微向中央倾斜，使建筑显得更加庄重。图 2-61 是典型的错觉和幻觉的实例，可以看到图 2-61(a)的平行线似乎在中间部位凸起；图 2-61(b)的垂直线似乎比水平线长，但实际上二者是一样长的；图 2-61(c)左边的黑色方块比右边同样大小的白色方块要显得小；图 2-61(d)的细斜线好像错位了，但实际并非如此。图 2-62 是一个典型的视幻觉构成作品。它主要关注的是产生三维空间的幻觉，而非其平面的形与形之间的关系。这种方法在美术设计领域有广泛的应用。图 2-63 中由于立体感的幻觉，使人们倾向认为图 2-63(a)是一个悖理的长方体，其实这不过是几根线条在纸面上的特殊组合而已；图 2-63(b)的圆点从里往外逐渐变大，使作为背景的白色产生了相反的渐变(中间多外边少)，于是图形似乎有了光感。

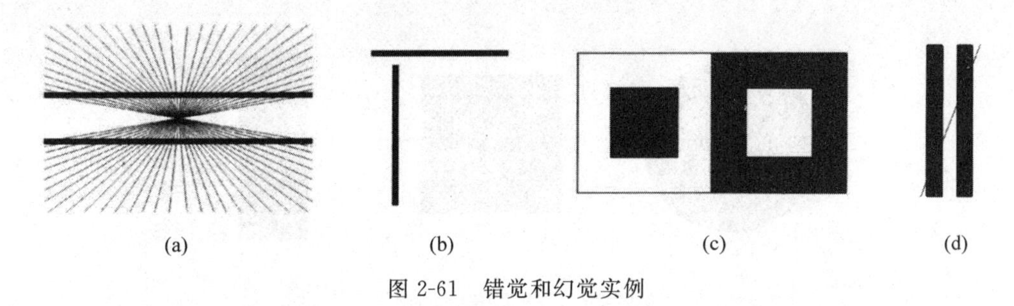

图 2-61　错觉和幻觉实例

（六）方向感

有动感和力感的形体能体现出方向感(图 2-64)，但反之却不尽然，有方向感的形体不一定体现出动感和力感。方向感的产生与形体的轮廓有直接的联系：当各个方向上的比例接近时，形体的方向感较弱；反之则较强。

在建筑设计中，可以利用方向感的原理来强化或减弱形体的轴线方向、序列等要素。

图 2-62　视幻觉构成作品

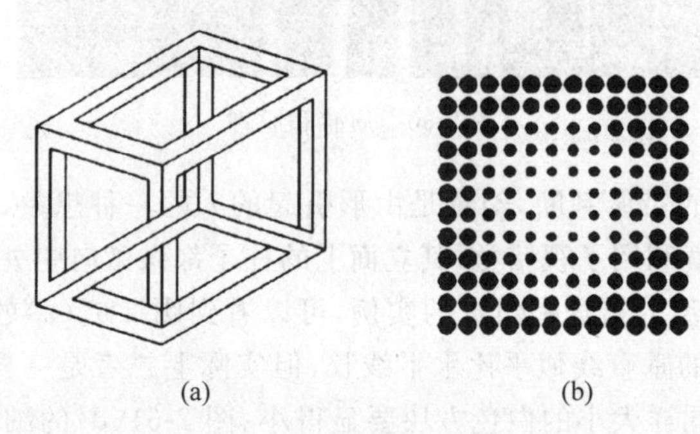

图 2-63　图形上的幻觉

当需要停顿时可采用无方向或方向性较弱的圆形、正方形等，否则，就可以采用方向性较强的长方形等。图 2-64 展示了圆形的外轮廓处处一样，没有方向感；正方形的四边相等，因此两个方向的方向感也相等，没有主次之分，方向感较弱；长方形的方向感，短向的方向感较弱，长向的方向感较强。

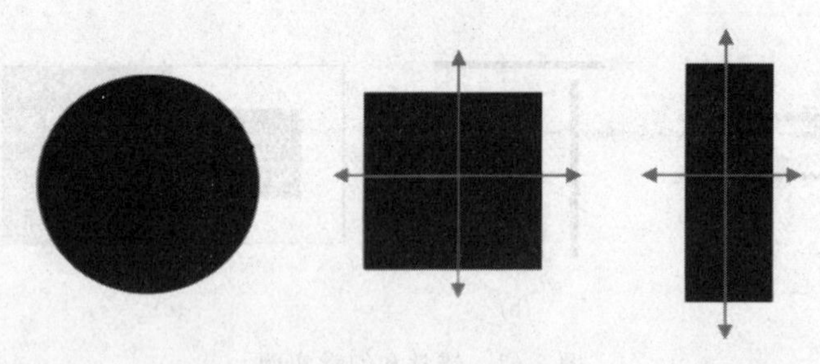

图 2-64　方向感示意图

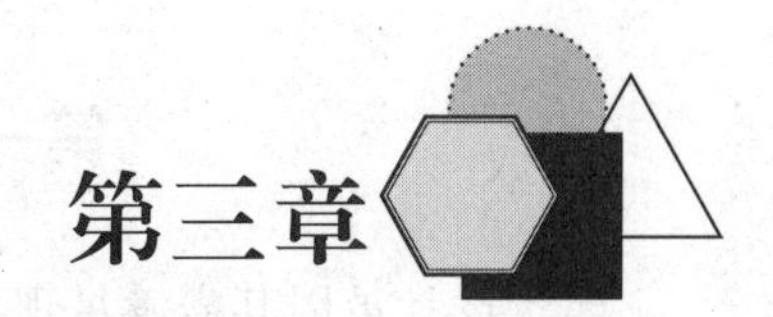

第三章

建筑表现技法

建筑绘画，到底是工程手段，艺术表现，还是建筑创作过程？

大师柯布西耶这样形容建筑和绘画的关系：“我从画中寻求形式的秘密性和创造性，那情况就和杂技演员每日练习控制他们的肌肉一样。往后，如果人们从我作为建筑师所做的作品中看出什么道理来，他们应当将其中最深邃的品质归功于我私下的绘画劳作(图 3-1)。”

图 3-1　柯布西耶及其画作

建筑画可简单地认为是以表达建筑之美为目的的绘画形式，并能直观地展现建筑风貌。但广义来讲，建筑画，即建筑与绘画的创作互动，可体现为建筑与绘画对艺术风潮的共同追求及根据绘画作品创作建筑，亦可表现为在绘画过程中的探索和建筑创作。绘画与建筑这两种创作的对话，曾给西方的大师们带来许多的灵感，如建筑师伊东丰雄的名作仙台多媒体艺术中心，其灵感来源于水族箱，以草图形式析释运用至建筑(图 3-2)。

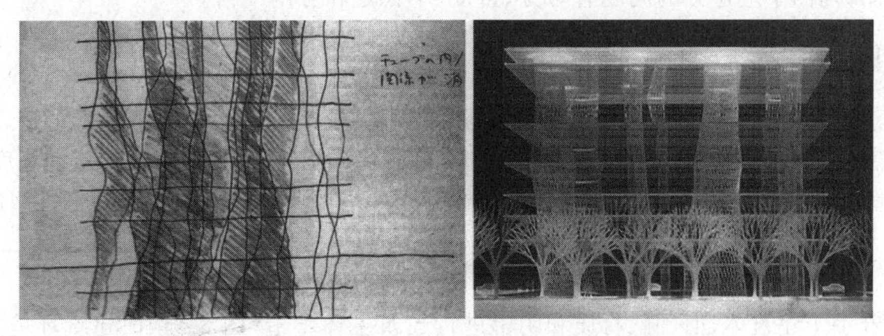

图 3-2　仙台多媒体艺术中心设计意向与结构示意图

第一节　建筑绘画的过程

建筑设计虽因其需满足现实的功能需求而具有更多的客观实在性，但因其由主观意识主导而生成，自设计构思与表达之初就无法摆脱艺术。常用建筑表现图是以建筑工程图纸为依据，是建筑设计构想与委托方相互交流的途径，也可以说，建筑绘画的创作，既可天马行空，毫无羁绊，又可深思熟虑，严谨细致。就常见建筑手绘表达而言，可通过观察、分析、临摹和创作来进行学习；具体手段分为推演、构图和塑造(图 3-3)。

图 3-3　推演、构图和塑造

一、推演

推演即在绘画前的对建筑表现的构思，选定表现重点。如规划性建筑设计重点表现建筑群体的相互关系并注重整体表现效果；单体建筑表现重点在于建筑体块和造型特点及周围空间塑造；室内效果图则是正确反映空间的特点，如界面的细部设计、装饰部件的选位、材质与色彩的运用及灯光的设置。

确定表现重点之后，依据不同情况选择表现技法，如铅笔表现、钢笔表现、水彩笔表现和马克笔表现。

二、构图

依不同建筑形体来选择构图，如偏扁平的建筑多用横构图，高耸建筑多用竖构图来表现；建筑主体在图中应在四周留有余地以避免因主体过大引起的闭塞、压抑之感。当建筑具有明显方向性而失衡时，可利用配景加以平衡。常见构图形式有向心构图、分散构图和平行构图；构图中应避开的问题有等分、重复、不稳定和分割不当。

三、塑造

对建筑主体及其环境进行塑造时可从轮廓、明暗(光影)、色彩与质感进行塑造。其中，又因表现目的不同而采取不同的表现方案和表现技法。例如，需突出建筑体量和高度时，可对其轮廓和明暗进行塑造；需突出建筑细部造型或材料时，可对其色彩和质感进行塑造。

(一) 建筑主体塑造

可着手于建筑体、面、洞、材质和阴影进行建筑主体塑造(图 3-4)，而建筑环境塑造则可从配景塑造入手。首先，在塑造建筑体量时，明暗交界线的恰当描绘是表现其体量感的捷径。在对建筑形体的体块描述后，以明暗色调表现出不同的面，特别是主要表现面与其侧立面的交界描绘，以暗面衬托亮面，达到塑造建筑形体的目的。

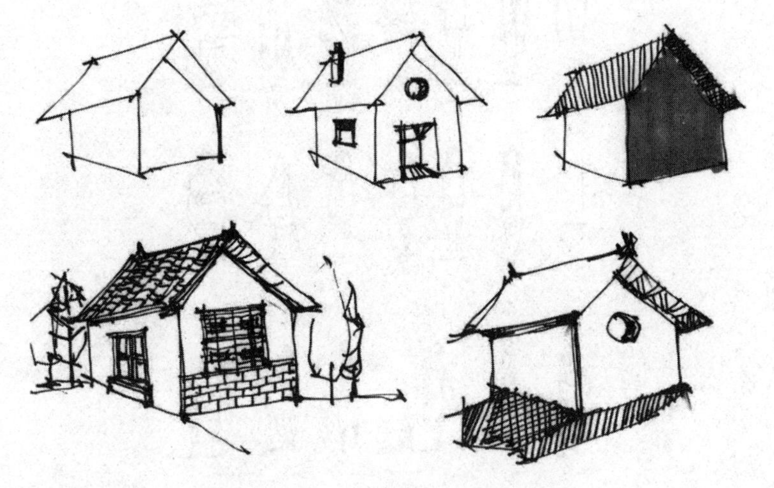

图 3-4　主体塑造过程

（二）常用配景塑造

常用配景包括植物、人物、车辆、道路、天空、水面，在进行塑造时也常结合建筑或场所布置广告、灯饰或雕塑，以达到塑造出较为真实的环境和场所氛围(图 3-5～图 3-7)。

图 3-5　配景——树

图 3-6　配景——人物

图 3-7　配景——车辆

除塑造建筑场所氛围外，配景亦可显示建筑尺度，这也是常用 1.7m 高视角来绘制建筑表现图并在图中示意相应大小配景人物的原因。配景亦可调节建筑表现图的平衡，并可将观看者的视线引向画面的重点。可以这样讲，建筑场所的空间和氛围塑造，很大程度上取决于配景所选取的符号、色调及构图植物。

植物所携带的场所信息较为丰富，特殊的植物能够表现出地域、场所及建筑风格。树木常被作为远景或前景使用，作为远景的树木可协助表现图形成空间深度并暗示道路之指向，作为前景的树木常以轮廓线的形式出现，可起到框景的作用。

1. 人物

在建筑表现图中，人物的出现一般有显示建筑的尺度、增加建筑表现图中的场景氛围、协助构图和增加空间感的作用。人物的使用和表现常使用符号化的简单线条，宁简勿繁。

2. 车辆

因其运动的特性，可使静止的建筑和场景增添动势与生机。车辆的出现亦可协助构图，强化道路走向和场地关系。控制好比例和透视方向，并辅以阴影塑造，可增加车辆的速度感。

3. 道路

绘制道路时，可做简化处理，近处颜色较深，远处因反光等原因较亮。地面因面积较大、材质光滑而产生的投影，亦可丰富地面和场景。绘制倒影时可对其形象和色彩进行简化与概括。

4. 天空

绘制天空时，其色彩纯度渐远渐弱，其明度渐远渐高。晴天白云，使建筑显露在强烈的目光下，塑造其闪耀之感。朝暮晚霞，使建筑沐浴在奇妙的光线下，更显建筑及环境氛围的特殊效果。

第二节　工 程 字 体

建筑图样上采用的字体称为工程字体。汉字、字母、阿拉伯数字是建筑图样的重要组成部分。建筑图样上的字分为标题字和仿宋字。

一、标题字

（一）标题字的种类

1. 宋体字

宋体字是模仿毛笔字笔画的印刷体，标题字常用宋体字及各种变体。

2. 黑体字

黑体字是横平竖直的方块字，称为黑方头或等线体。加粗笔画，形成方形的粗体字。常见的标题字多为黑体字及变体字。

（二）标题字的书写方法

(1) 用铅笔打好字格。

(2) 用铅笔写出字体，加粗笔画。

(3) 用墨线笔描出字体轮廓（或添实）（图 3-8）。

建筑设计基础

(a) 主体字

建筑设计基础

(b) 黑体字

文字繪寫

(c) 黑体变体字(1)

(d) 黑体变体字(2)

图 3-8　标题字

（三）计算机常用标题字体

计算机常用标题字体如图 3-9 所示。

建筑初步与表现技法

(a) 华文云彩

建筑初步与表现技法

(b) 隶书

建筑初步与表现技法

(c) 幼圆

图 3-9　计算机常用标题字体

二、长仿宋字

建筑图样上的文字多采用长仿宋字(图 3-10)。

图 3-10　长仿宋字

(1) 长仿宋字特点：笔画粗细一致、整齐挺秀、易于书写、字体美观、便于阅读。

(2) 字体笔画：横平竖直、起落有力(图 3-11)。

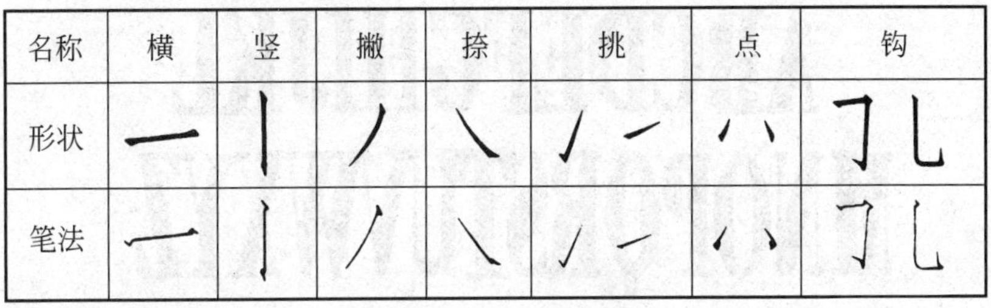

名称	横	竖	撇	捺	挑	点	钩
形状							
笔法							

图 3-11　长仿宋字笔画

(3) 字体结构：每一个汉字都是由笔画按一定规则组成的，笔画分布匀称、比例得当，字的重心稳妥(图 3-12)。

图 3-12　字体结构

(4) 字体格式：高宽比一般为 3∶2，间距为字高的 1/4，行距为字高的 1/3，字的格式要根据在篇幅中的具体情况而定(图 3-13)。

(5) 字体的书写要领：横平竖直，起落有力；按格书写，体形统一；结构匀称，比例合适；呼应穿插，和谐统一。

10
2.5
10
2.5
10
3 7 3 7

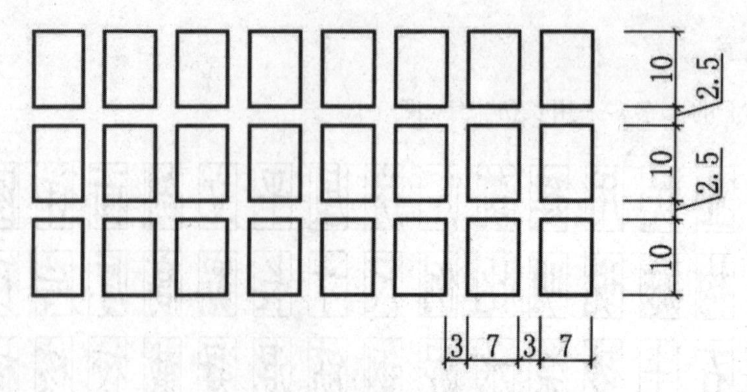

图 3-13　字体书写格式

三、字母、数字

建筑图样上的字母和数字是图面表达的重要内容，书写时要注意字体结构、笔画顺序(图 3-14)。

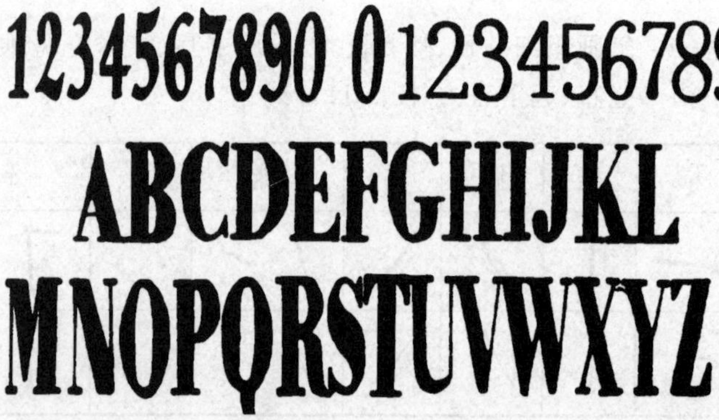

1234567890 0123456789
ABCDEFGHIJKL
MNOPQRSTUVWXYZ

图 3-14　字母和数字

字母和数字的特点是曲线较多，笔画要光滑、圆润、粗细一致。

书写前应注意版面设计，写每一个字都是版面设计的过程。掌握好比例关系、均衡感、整体感、呼应关系。

第三节　工具线条图

一、绘制工具线条图的常用工具

使用绘图工具工整的绘制出来的图样称为工具线条图，它可以分为铅笔线条图和墨线线条图两种，主要是根据所使用的工具不同来区分的。

工具线条图的常用绘图工具有丁字尺、三角板、图纸、2H～2B 铅笔、针管笔、鸭嘴笔、比例尺、曲线板、量角器、圆规、碳素墨水、擦图片、胶纸、图钉、刷子、手帕、橡皮、双面胶、胶带纸等(图 3-15)。

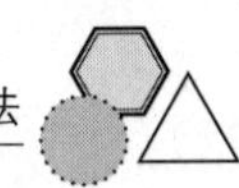

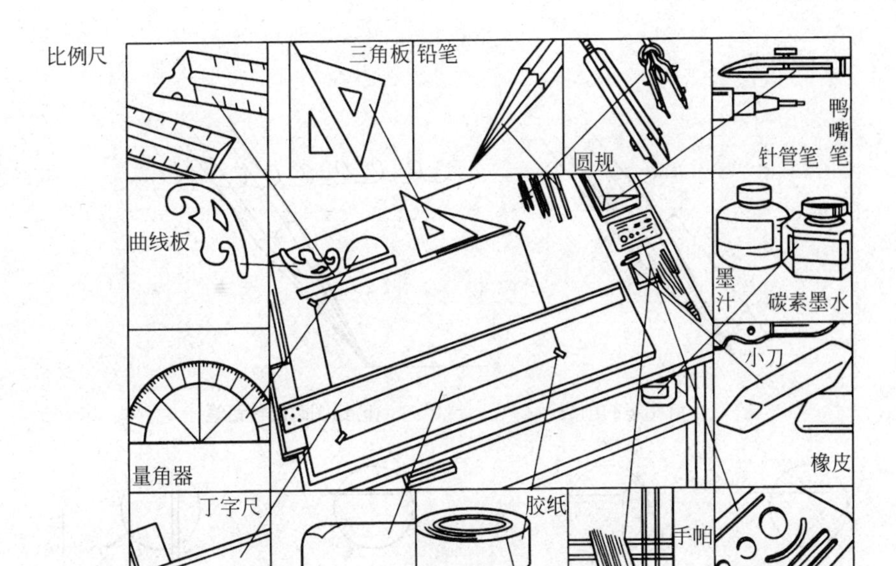

(a) 常用绘图工具及其作图时的置放

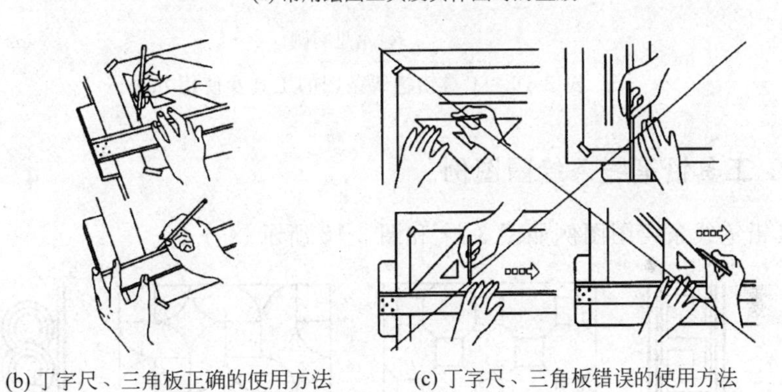

(b) 丁字尺、三角板正确的使用方法　　(c) 丁字尺、三角板错误的使用方法

图 3-15　常用绘图工具及其使用方法

二、工具铅笔线条图的绘制方法与注意事项

工具铅笔线条图是所有建筑画的基础，熟练掌握铅笔线条有利于建筑画的起稿和方案草图的绘制，也是建筑专业学生最早的线形练习。工具铅笔线条图要求画面整洁、线条光滑、粗细均匀、交接清楚。它所构成的画面能给人以简洁明快、自然流畅的感觉。

（一）绘图铅笔

工具铅笔线条图的使用工具是绘图铅笔（图 3-16）。绘图铅笔的铅芯用石墨或加颜料的黏土制成，有黑色和各种颜色之分，黑色的绘图铅笔以 H 和 B 划分硬、软度，有 6H～6B 多种型号。表硬度为 H 型的铅笔多用于制图，绘画则根据需要分别采用 B～6B 型号，在建筑工程制图中常用的铅笔型号是 H、HB、B。

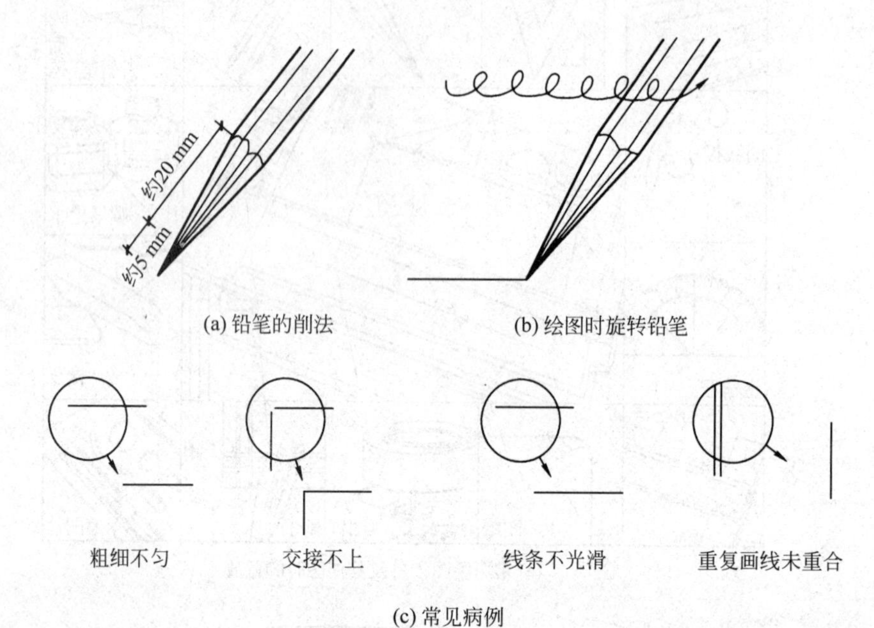

图 3-16　工具铅笔线条图的工具及使用方法

（二）工具铅笔线条绘图图例

工具铅笔线条绘图图例如图 3-17 和图 3-18 所示。

图 3-17　工具铅笔线条绘图——几何图形

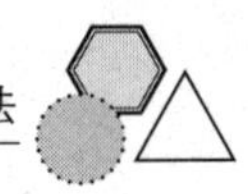

图 3-18　工具铅笔线条绘图——西方古典柱式

三、工具墨线图的绘制方法与注意事项

（一）直线笔、针管笔

直线笔用墨汁或绘图墨水，色较浓，所绘制的线条亦较挺；针管笔用碳素墨水，使用较方便，线条色较淡（图 3-19）。直线笔又名鸭嘴笔，使用时要保持笔尖内外侧无墨迹，以免晕开；上墨水量要适中，过多易滴墨，过少易使线条干湿不均匀。

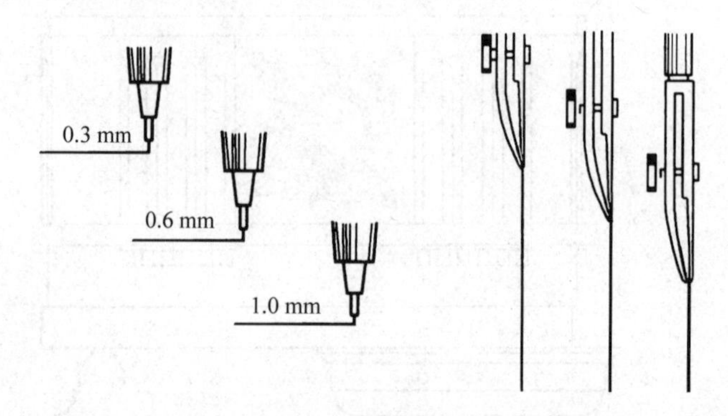

图 3-19　直线笔和针管笔

（二）工具墨线图绘图图例

工具墨线图绘图图例如图 3-20 和图 3-21 所示。

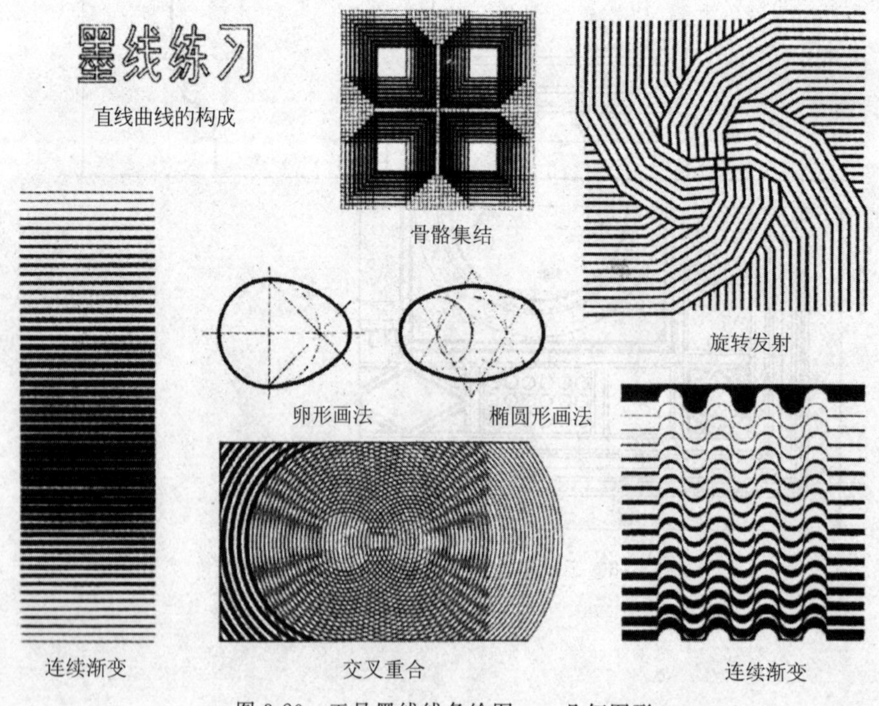

图 3-20　工具墨线线条绘图——几何图形

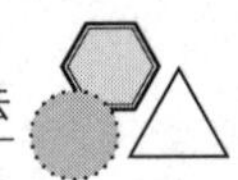

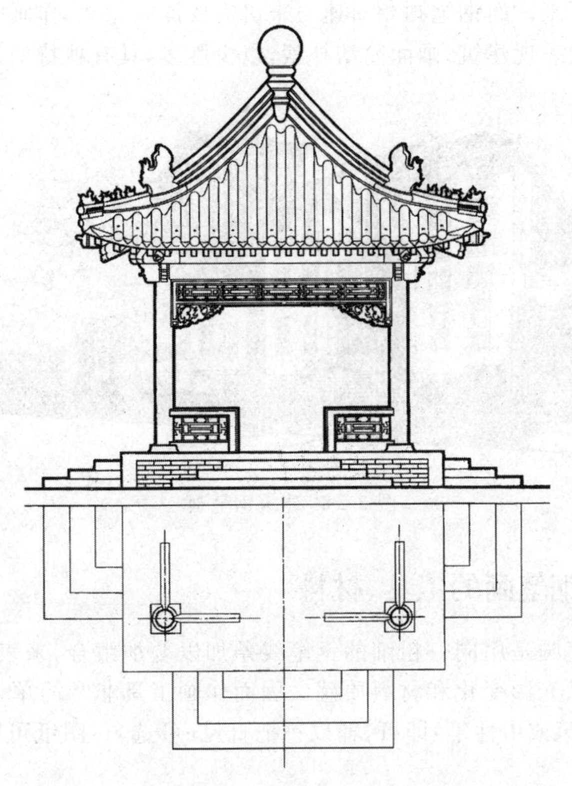

图 3-21　工具墨线线条绘图——四脊攒尖方亭

第四节　建筑速写及钢笔画

一、建筑速写及钢笔画的概念及特点

所谓建筑速写，也就是在最短的时间，通过简便实用的绘图方法和绘图绘画工具，将建筑对象用客观艺术的方式绘制出来(图 3-22)。其特点就是迅速便捷，可以把想要记录

图 3-22　建筑速写

的对象迅速地记录下来。而钢笔画相对速写来讲需要深入一些，作画时间相对速写要长，以黑、白、灰三个层次表现建筑，画面简洁朴素，以少胜多，具有独特的艺术魅力(图 3-23)。

图 3-23　建筑钢笔画

二、建筑速写及钢笔画的工具、材料

建筑速写及钢笔画是用同一粗细的钢笔线条加以叠加组合，来表现建筑及其环境的形体轮廓、空间层次、光影变化和材料质感。因而作画工具非常简单，一支下水流畅的钢笔(现今多采用针管笔或中性笔)即可，辅以一把直尺(可选)。图纸可以选用：制图纸、复印纸、硫酸纸等。

三、建筑速写和钢笔画的线条与表现力

(一) 钢笔线条的运笔

大量的线条练习是画好建筑速写和钢笔画的前提条件。利用零碎的时间做线条练习是学习钢笔画的第一步。图 3-24 是钢笔画的画线要领。

(二) 钢笔线条的组合

曲直、长短、方向不同的线条组合、排列有很强的艺术表现力(图 3-25)，因为线条的方向感和线条间残留的小块白色底面会给人丰富的视觉印象，在建筑速写和钢笔画中选择它们来表现建筑物及其周围的环境的明暗关系、空间关系、材料质感。

(三) 钢笔线条的表现力

(1) 钢笔线条组合表现光影变化(图 3-26)：直线、曲线、圈、点的组合、叠加都可以表现光影的变化，出现退晕效果。

(2) 钢笔线条表现材料的质感(图 3-27)：线条丰富的变化和不同的排列组合，不仅可以表现建筑的光影变化，还可以表现出不同材料的质感。

四、建筑速写钢笔画的画法

(1) 铅笔起稿：用铅笔线将建筑的主轮廓敲定下来，找准建筑的视平线、灭点，也要将

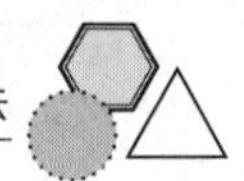

(a) 运笔要放松，不要反复描摹，要有起有落

(b) 长线断开画，不要过分搭接

(c) 宁可局部小弯，但求大直

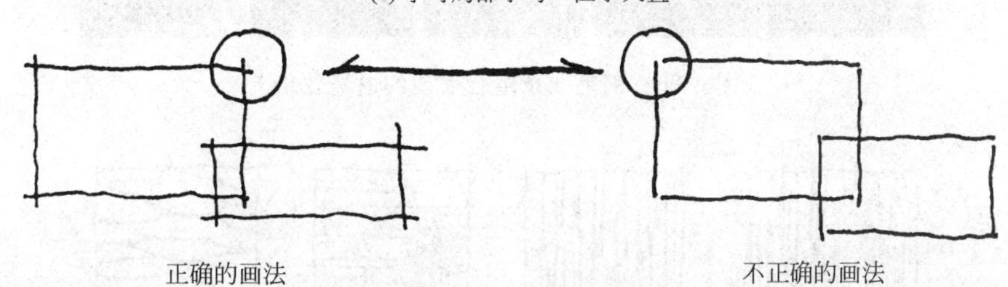

(d) 垂直线与水平线相交时宁可搭接过一点，但不要交接不上

图 3-24　钢笔画画线要领

图 3-25　钢笔线条的组合

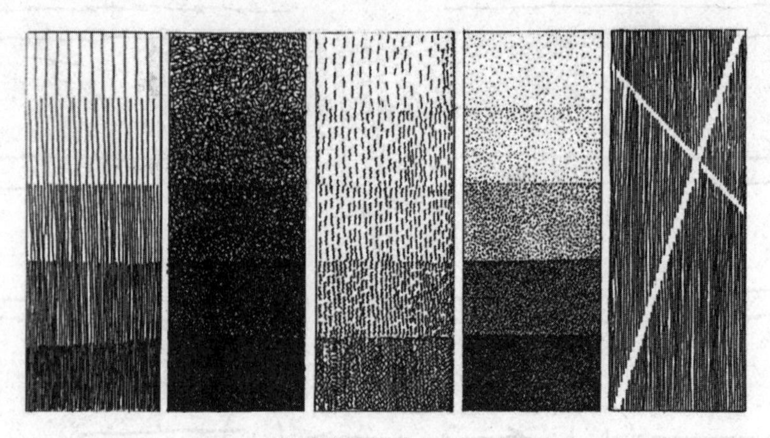

图 3-26 钢笔线条组合表现的退晕效果

图 3-27 钢笔线条排列组合表现的材料质感

配景计划好,配景要服务于建筑主体。铅笔线要轻一些,不用过于细致,以全局为主。

(2) 用墨线笔将建筑的主体结构绘制出来,结构要清晰,尤其结构转折的地方要画清楚,为下一步绘制暗部调子及材质打好基础。

(3) 将暗部调子填充完整,尽量用材质来表现调子,这样可以使画面显得更加丰富,增加了建筑的内涵。适当加入配景,但其强度不应超过建筑主体。

(4) 调整画面,收尾。

图 3-28 是钢笔画绘制的步骤。

五、建筑钢笔画的配景

建筑钢笔画的配景可以概括为三大类:绿化、人物和车辆。

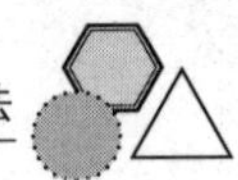

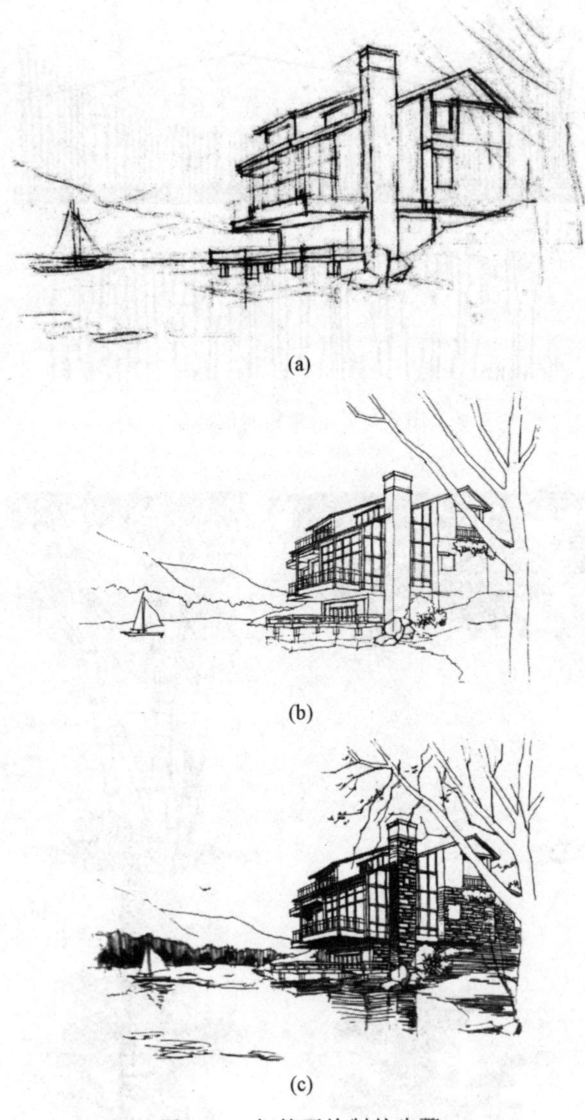

(a)

(b)

(c)

图 3-28　钢笔画绘制的步骤

（一）绿化

建筑画中的绿化一般有草坪、绿篱、树木。这里主要介绍树木的画法。

(1) 树形：在建筑画中画树木，除考虑树木的南北方生长的特点外，更重要的是考虑树形与建筑形状特征相协调，要形成一定的对比，尽量避免雷同。自然界中的树木形状很多，如圆形、椭圆形、三角形、伞形、锥形等。树木的画法应该与建筑的画法一致。

(2) 树木的画法。

远景树木的画法(图 3-29)：无须画出树叶与树干，只需画出树木的轮廓。

近景树木写实的画法(图 3-30)：比较细致地画出树叶与树干。根据树木的不同，树叶的形状有很大的区别。

图 3-29　远景树木的画法

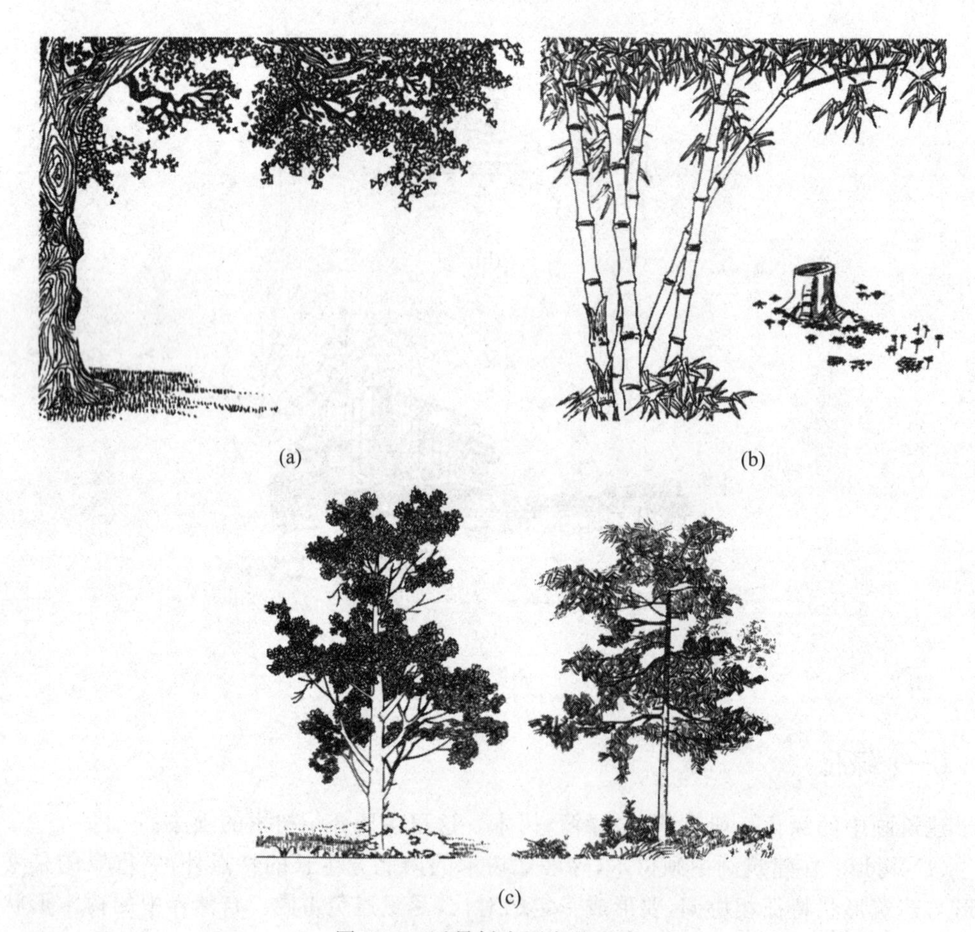

(a)　(b)

(c)

图 3-30　近景树木写实的画法

树木程式化画法(图 3-31)：用简练而图案式的方法，夸张地表现树形。

平面图中树木画法(图 3-32)：用概括而图案式的方法，夸张地表现树头的形状。

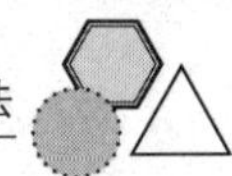

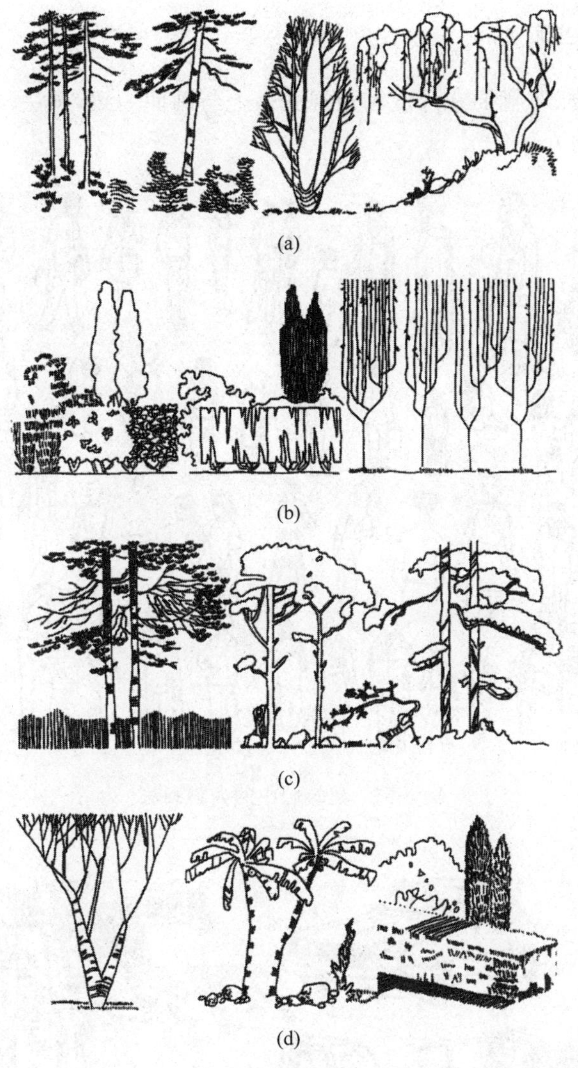

(a)

(b)

(c)

(d)

图 3-31　树木程式化画法

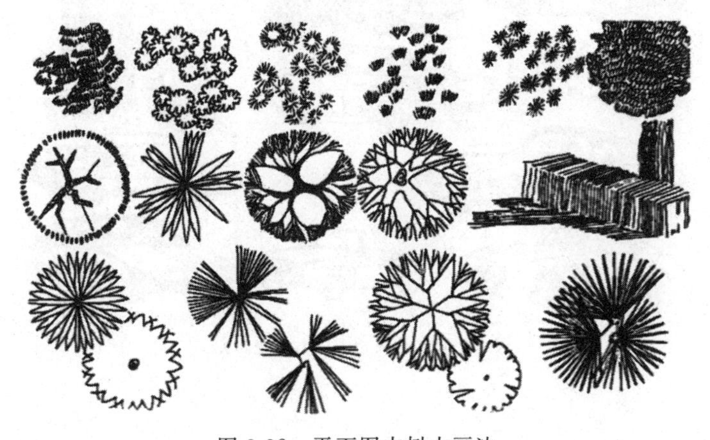

图 3-32　平面图中树木画法

(二)人物、车辆

建筑画中的人物、车辆要在尺度和透视关系上与画面一致,画法与主体建筑的画法一致(图 3-33 和图 3-34)。

图 3-33　建筑画中的人物画法

图 3-34　建筑画中的车辆画法

六、建筑速写钢笔画的注意事项

（一）线条与运笔

很多学生和建筑类从业人员都看过国外建筑大师绘画的草图，它们以线条优美流畅取胜。其实，草图画得好不好与用线的流畅程度有很大关系。有的同学之所以画不好，其实也就是线条不流畅，重复笔画太多，线条不直，或不圆滑，反复地描线，而且显得很不自信，这样作品就不自然了。在画图时不妨放下心理负担，大胆地去画线，画不好可以重画。

（二）透视

要充分重视透视在建筑表现中的作用，尤其是学生在学习钢笔建筑画的过程中一定要解决透视的问题。每次在起稿过程中要找好视平线、灭点，不可省略。

（三）构图

构图要充实饱满，但也不能将主体建筑画满一张纸，要留有配景的位置。

第五节 计算机表现技法

一、计算机辅助设计

计算机辅助设计(CAD)在建筑界的应用始于 20 世纪 80 年代，制图在个人计算机上的运行成为现实，为建筑师摆脱图板提供了可能。

随着 CAD 技术的不断发展，计算机辅助建筑设计(CAAD)软件的产生，建筑业内计算机所覆盖的工作领域不断扩大，以至建筑业全部工作中的“过程性”工作(创造性工作以外的)，如绘图、文档编制和日常管理等，几乎均能由计算机作为工具而加以辅助，其中的绘图包括二维绘图、三维绘图(三维模型制作)。

至于建筑师的构思设计等创造性工作，如何由计算机进行辅助，尚处于探讨和尝试之中。以下简介的重点是计算机绘图(图 3-35)。

图 3-35 计算机绘图效果

（一）二维绘图

二维绘图的主要功能为绘制二维图形的常用 CAD 软件，由于可用来进行相应的配套工作，如标注尺寸、符号、文字，制作表格，计算相关数据，进行图面布置等，因而除了阶段性的建筑平、立、剖面图外，绘制施工图为其重要功能。此外，它还具有三维绘图和图库管理等功能。

在 CAD 软件基础上经过对各工程设计专业的二次开发，使其发展成为可以广泛应用于计算机和工作站的、国际上广为流行的绘图工具。

（二）三维绘图

CAD 出现之前计算机辅助建筑设计的媒介尚存在以下不足：①二维图形需用基本图素建模，效率偏低；②空间造型能力显弱，所能表示的复杂程度、精确程度比较有限。

CAD 出现之后克服了上述的不足，进而能提供：①数字化二维图形。图形的数字化意味着能附带庞大的相关数据库，携带更多的信息；②数字化三维图形。能生成透视、模型或统计数据等；③多媒体。除了静态的文字、图形外，还能生成声音、动画、摄像等，所携带的信息种类广泛，但是制作成本较高。

制作三维图形的三维信息化设计软件，不仅造型能力强，而且具有建模与渲染合一的特点，其间不必进行模型转换，故被广泛应用于建筑业的透视图、模型等效果表现，缺点是掌握起来难度较大。

（三）后期处理

所生成的图像需要进行最后的处理，后期处理包括效果调整、拼装组合和打印输出三个方面的工作，以便最终完成满意的作品。为此，可采用图像处理软件。

（四）设计过程辅助

目前，设计软件市场上唯一能直接面向设计过程的专业设计软件为 Sketch Up，该软件的主要功能是制作设计过程中的简易效果，以有助于推敲、深入方案设计。它所制作的图形类似轴测图，简单上色，但却精确，易于操作、便于修改。这种软件具备了独特的草图绘制功能，将人的思维与工具操作形成专业互动，使建筑师的创作与计算机表达有所结合，确实是创造了一种新的工作模式。图 3-36 根据建筑设计特点，着重表现材料质感，图 3-37 根据建筑设计特点，重点表述光影变化、环境氛围，图 3-38 利用具有制作草模功能的软件轻松地将图形按任意角度转动、翻转。由图 3-38(b)旋转 90°为图 3-38(a)，由图 3-38(a)旋转 90°为图 3-38(c)，因此产生的直观效果能有效地辅助设计的进程。

二、计算机辅助设计的评析

（一）CAD 的特点

(1) 计算机辅助设计具有以下优势。与手工绘图相比，工具简单、操作简便、改图轻

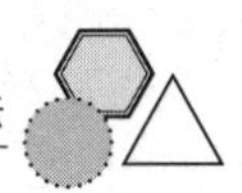

图 3-36　设计软件绘图(1)

(a)

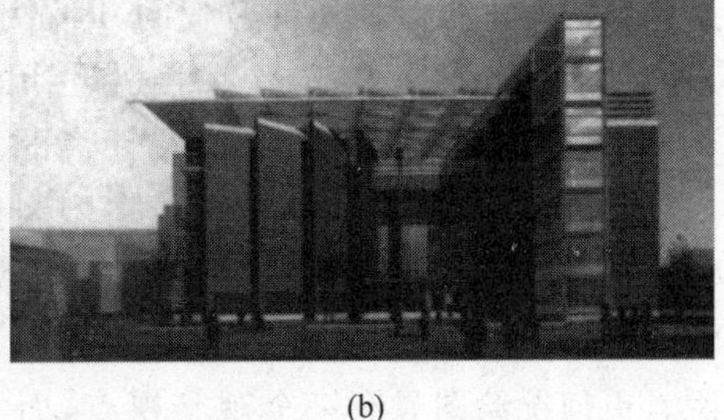

(b)

图 3-37　设计软件绘图(2)

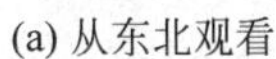

(a) 从东北观看

(b) 从东南观看

(c) 从西北观看

图 3-38　设计软件绘图(3)

松、保证质量；具有复制的优势，对于相似、相近的图，只需稍加改动便能重复使用成果；系统的完善使信息库能提供多种信息及专业软件，并可进行信息、文件和图形的交流；资料保存采用硬盘或光盘，既节省空间又不易损坏。归根结底，计算机辅助设计能做到"高速、高效、高精、高质”。

(2) 计算机辅助设计尚不能完全替代建筑设计。目前,计算机辅助设计仍主要应用于设计的表达和管理,对设计构思的辅助正处于探讨阶段,由于计算机不能代替思考,因此在构思、判断、成果选择等方面均有局限性。总之,媒体的变革不断地革新着设计的表达,但尚未带来设计本身的实质性变化,出色的设计仍然存在于优秀建筑师的头脑之中,而并非存在于计算机的磁盘里。

(3) 计算机辅助设计的前瞻性。CAD 技术的历史尚不悠久,但其发展迅速,前景难以估量,它的前瞻性决定了人们只有不断地去适应这种动态的变化,才能更好地对 CAD 加以应用。

(二) 手绘技巧的作用

伴随着 CAD 技术的发展,手绘技巧的前途何在?可以肯定:手绘技巧因其特有的作用而不会被完全替代,原因在于:首先,建筑设计是人脑的创造性成果;其次,建筑设计具有功能技术之外的艺术特性,这些都是技术、设备所不能替代的,特别是在方案构思阶段。就表达本身而言,用手来绘制草图实际上是建筑师在进行自我对话:他头脑中的思维被他的手清晰地加以描绘,然后通过眼睛的观察和鉴赏,对其进行比较、调整和选择……如此循环,直至最终。这种手、眼和脑的互动正是建筑师的创作过程,也是他创造力的体现,确实是计算机辅助设计所不能替代的,因而手绘能力的培养是必需的。

人们创造了各种方式、方法来表达设计的创作和想象,并力求与实际建筑相符,但是我们不得不承认:表达与实际还是有距离的。这是由于:按比例缩小的图纸或模型,在尺度上与实际建筑存在差距;也是由于模型制作材料和工具的限制,使表达与实情存在差距;又由于表达,特别是表现图,为了能引起观察者对设计的关注与采纳,制图者必然会倾注感情,来对其加以渲染甚至夸张,这种极强的艺术表现也许会与它的实际状况存在更大的差距。更何况绘图只有一个观察视点,而实际上人的观察不仅有局限性,而且是动态的……正是由于上述种种因素的存在,因此,表达与实际的差距也是不可忽视的。

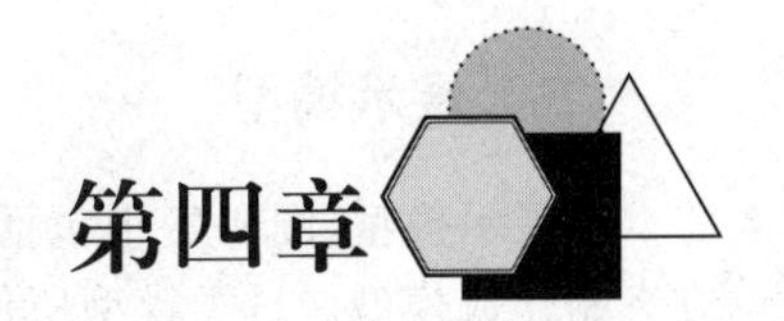

第四章 建筑模型

第一节　建筑模型概述

建筑模型是建筑设计表达的手段之一，它将形式和内容有机地结合在一起，以其独特的形式向人们展示了建筑立体的视觉形象，是材料、工艺、色彩、设计理念的完美结合。建筑模型如今在快速发展的建筑界备受青睐。建筑模型的制作也是建筑设计技术专业学生的必修课和基本功之一。

一、建筑模型的种类

建筑模型的种类很多，有着不同的规模、表现形式和用途。

按建筑模型的规模可分为城市规划模型、区域规划模型、单体建筑模型和建筑内部空间模型。按表现形式和用途可分为方案模型和展示模型。主要介绍方案模型和展示模型。

（一）方案模型

在方案模型(图 4-1)中包括群体建筑模型和单体建筑模型。用于建筑设计的过程中，对场地的分析、推敲设计构思、论证方案等。这类模型一般只侧重于内容，对形式的表达要求不是很高。

图 4-1　方案模型

（二）展示模型

在展示模型(图 4-2)中包括群体建筑模型和单体建筑模型两大类。在设计完成后，将方案制作成模型。这类模型所使用的材料和制作工艺十分考究，主要用在展示建筑设计和建造的最终成果。

图 4-2　展示模型

二、建筑模型的材料

建筑模型的材料主要有主料、辅料、黏合剂等。

（一）建筑模型的主料

制作建筑模型的主要材料有以下几种类别。

(1) 纸板类：是建筑模型制作最基本、最简便、采用最广泛的材料。纸板的种类很多，常用的厚度为 0.5～3mm，色彩丰富。材料的特点是：使用范围广，品种、规格、色彩多样，容易切割和折叠，加工方便，表现力强。这种材料物理特性较差，强度低，吸湿性强，受潮后易变形。

(2) ABS 板：是一种新型材料，白色不透明，厚度为 0.5～5mm，是比较流行的手工及雕刻机加工建筑模型的主要材料。材料的特点是：适用范围广，材质挺括、细腻，便于加工，着色及可塑性强。

(3) 有机玻璃板：有透明与不透明两种，厚度一般为 1～3mm，色彩丰富，是理想的建筑模型材料。材料的特点是可塑性强，材质细腻、挺括，热加工后可以制作各种曲面造型。但这种材料易老化，制作工艺复杂。

(4) 木板材：亦称航模板，是由泡桐木经过化学处理而制成的板材。材料质地细腻，易于加工、造型和粘接，纹理清晰，自然表现力强。但吸湿性强，易变形。

(5) 泡沫：用泡沫制作建筑体块非常方便，一般用于方案的构思阶段。材料规格有：厚度为 30mm、50mm、80mm、100mm、200mm，平面尺寸为 1000mm×2000mm。制作时可以使用剪刀、钢锯或电热切割器进行切割，厚度不够可以用乳白胶粘贴加厚。该材料的优点是：易于加工，质轻，易保管，易于制作大型模型；缺点是：表面粗糙，不精致。

（二）建筑模型的辅料

建筑模型的辅料主要用于制作建筑模型主体之外的部分，如建筑细部、建筑配景。建筑模型的辅料很多，主要包括以下类别。

(1) 金属材料：分为板、线、管材三大类，用于建筑的特殊部位。

(2) 仿真草皮：用于模型中绿地的制作。材料质感好，色彩逼真，使用方便，仿真程度高。

(3) 草地粉：用于山地和树木的制作。材料为粉末状，色彩丰富，可适合多种场合的需要。

(4) 型材：将原材料加工成各种造型、尺寸的材料，常见的有人物、汽车、树木、路灯、栅栏等。

（三）黏合剂

黏合剂在建筑模型制作中具有非常重要的意义。通过黏合将已经加工好的零件组织在一起形成三维的建筑模型。不同的建筑模型材料适合不同的黏合剂。

(1) 纸板类的黏合剂：乳白胶、胶水、喷胶、双面胶带。

(2) 塑料类的黏合剂：三氯甲烷、502 胶。

(3) 木材类的黏合剂：乳胶、4115 建筑胶。

第二节　建筑模型制作的目的和程序

一、建筑模型制作的目的

建筑师的思维，需要建筑语言来表达，而建筑模型就是其“语言”之一。在营造构筑建筑物之前，利用模型来权衡尺度等最为方便。现代的建筑模型，绝不是简单的仿型制作，它是材料、工艺、色彩、理念的融合。它的意义主要表现在三个方面。首先，它将设计师手中的二维图像，通过对材料的创意组合形成三维立体形态。其次，通过对材料的手工、机械加工，生成了转折、凹凸的表面形态。最后，建筑模型本身也是艺术。

学习建筑模型制作，首先要理解建筑“语言”，这样才能完整表达设计内容；其次，就是要充分了解各种材料并对其进行合理的利用。制作建筑模型，最基本的构成要素就是材料。而建筑模型制作的专业材料和可利用的材料众多，因此，对于模型制作人员来说，要在众多材料当中进行最佳组合，要求模型制作人员要了解和熟悉每一种材料的物理及化学特性，并对其特性充分了解，做到物尽其用；最后要熟练掌握多种基本制作方法及制作技巧。任何模型都是通过改变材料的形态，组合块面而制成的。因此，对于制作复杂的建筑模型，一定要有熟练的基本制作方法来保证。同时，还要在掌握基本技法的基础上，合理地利用各种加工手段和新工艺，进一步提高建筑模型的制作精度和表现力。

二、建筑模型制作的程序

（一）建筑模型的制作

建筑模型制作的程序，要根据模型对象的复杂性、规模性、目的性来决定，一些小型

的、方案性的模型，在程序上是可以缩减或省略的。一般程序如下。

① 建筑模型制作计划。

② 建筑模型制作准备。

③ 底盘放样。

④ 制作建筑场地（地形）。

⑤ 建筑模型构建制作。

⑥ 建筑模型整体拼装。

⑦ 建筑模型环境氛围调整。

（二）建筑模型制作的方法

建筑模型制作方法包括建筑模型制作计划、基底制作方法、底盘放样、配件制作等多个部分，是一个相对复杂、细致的工作。

1. 建筑模型制作计划

建筑模型制作计划的内容主要是研究“表现方法”“比例”“单件”“色彩”“组装”等方面的问题，并进行周密的计划。按照“表现方法”来确定制作方向、比例、选用材料以及色彩、组装程序等。模型的比例在建筑模型制作中必须把握好。如果选择的比例不当，会使人觉得“失真”，以至于产生“不信任感”。因此，比例的选择需要根据不同的对象来决定。

例如小区规划（图 4-3）、城市规划（图 4-4），一般选择 1∶5000～1∶3000 的比例；单体建筑物的比例（图 4-5）常为 1∶200～1∶50；若是组合建筑物（图 4-6），则采用 1∶400～1∶200 的比例，不过，通常采用与设计图相同的比例者居多。此外，若是住宅模型（图 4-7），则与其他模型略有不同，如果建筑物体量不是很大，则采用 1∶50 的比例，尽可能使人看得清楚。建筑模型制作计划除了确定比例外，还要弄清楚模型的地形地貌关系（如高差），还需要建立景观印象，通过大脑进行计划立意处理。随后，对模型的关键部分进行研究分析，最后就可以着手进行模型制作了。

图 4-3　小区规划模型

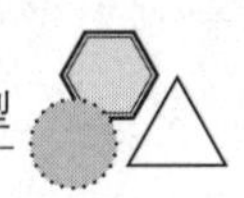

图 4-4 城市规划模型

图 4-5 建筑单体模型

图 4-6 组合建筑模型

(a)

(b)

图 4-7 住宅建筑模型

2. 基座制作方法

建筑模型的大小与基座有着直接的关系。而基座则需注意两方面因素：一方面要依据建筑设计的实际高度、体量、占地面积的大小；另一方面也要依据委托方的要求等相关问题综合做出比例决定。比例决定之后，便可按模型基座、建筑场地的空间顺序开始制作。此时要根据实际大小，考虑把建筑模型做成一体式的定型模型还是做成方便移动有利展出的组合式模型。

3. 盘底放样

建筑模型基座做好后，接下来开始放样。放样就是依据设计图纸进行等比例的放大或缩小，并将其移到之前做好的基座上，确保与原图纸一模一样。放样的方法：一般情况下，采用打印图纸的方法，直接打印所需大小比例的图纸，然后将打印好的图纸放在基座上，在其背后垫上复写纸，再用圆珠笔按设计的线描绘一遍。

4. 建筑场地

图样放好后，接下来制作建筑场地(地形)。如果建筑场地是平坦的，则制作建筑模型也简单易行。若建筑场地高低不平，并且表现要求上有周围临近的建筑物，则会依测量方法的不同，模型的制作方法也有相应区别。特别是针对复杂地形和城市规划等较大场地时，应将地形模型事先做好。

值得注意的是，不宜在地形模型上过多和过细地表现，这样容易使建筑物相对逊色。因此，在制作地形模型时，应充分考虑对建筑物的表现效果，要能够正确处理好模型不同部分的主次关系。

5. 配景模型制作

配景模型制作主要是指室外环境的植物、人物、汽车、小品、石景以及水景等配景元素，制作方法分为以下几种。

1) 植物、人物、汽车

植物主要指树木与灌木，植物基本是由绿色的叶子和树的枝干构成的。绿色的叶子可用锯末、海绵、丝瓜瓤等材料做，树的枝干造型可用粗细不同的铁丝或铜丝等材料来实现。一般的模型中植物造型有两种：树木与灌木(草丛)的制作。而人物与汽车(图 4-8)

图 4-8　建筑模型中的人物

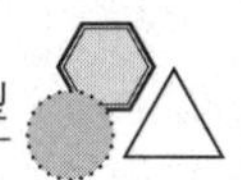

在环境中主要起的是点缀与陪衬的作用。以上配景模型在环境的布置中，所需数量较大，因而要尽量多做一些备用，特别是植物(图 4-9)。

(a)　　(b)

图 4-9　建筑模型中的植物

2）小品

小品类的模型(图 4-10)包括亭子、小桥、小型雕塑、站亭、石景以及小型建筑(大门、房门)、构筑物等。这一类的配景件在模型商店有售。有专门需要时就要亲手制作。采用的材料有石膏、黄泥、油泥、软木等，并与纸、塑料、牙签等配合使用。

(a)　　(b)

图 4-10　建筑模型中的小品

3）石景

石景(图 4-11)一般可以采用泡沫苯乙烯之类表面松软的材料来处理。最好是用工具

图 4-11　建筑模型中的石景

按压或绘制成石景的效果，用工具也可以做成一些凹槽阴影，效果也不错。同时也要善于发现和利用其他材料，如鸡蛋壳等。

石面的做法：对于建筑墙面、地面的处理，一般均采用刻画工艺，也可以采用计算机雕刻技术，在ABS胶板材料上雕刻成石块图形，然后在其上面添加理想的石材色彩即可。

4）水景

水景的做法：作为水景处理，水面不大时（图4-12），一般采用象征性手法，即采用蓝色有机玻璃（或在透明的有机玻璃背后涂蓝色底）衬底即可；水面较大时（图4-13），可采用硅胶做水纹、喷泉的手法。

应注意的是，蓝色有机玻璃的设置一定是在地形的最底层，即铺满整个地形，也可采用局部铺底的做法。局部铺底的好处是节约材料，但是操作较为麻烦，切记切割下来的余料无法再重复利用。

图4-12 建筑模型中水面较小时的做法

图4-13 建筑模型中水面较大时的做法

6. 模型件制作

针对建筑模型表现对象，可以分为建筑模型和室内模型，它们在组装前，基本是将组件全部做好再进行组装。所以，要注意模型组装的先后关系，以免出错。

1）建筑模型件

由于建筑风格、结构等关系，除有意设计的构架式建筑之外，结构全部外露者很少。即使有，也不外乎是柱、梁或者基柱建筑部件等。在做法上需要特别强调构架部分之外，一般均采用与建造物相同的主要材料，或用钢铁骨架来表现，效果极佳。下面对建筑不同构件进行详解。

材料的表现与最终效果息息相关。表现混凝土平面的办法很多，可以选用具有柔软特性的粗陶和软质木材制成纹理粗糙的模型，来表现混凝土平面；也可以利用泡沫苯乙烯的板面上所固有的粗糙麻面来表现混凝土；此外，如树皮和胶合板等，表面看起来很像混凝土材料，均可用来表现混凝土（图 4-14 和图 4-15）。

对于面砖、石板等对象，可选用粗绢和花纹纸以及有浮雕花纹的材料进行表现，也可以适当采用抽象手法。此外，还有一些表面带图案的板材，也可以选其作为某些墙面的处理（图 4-16 和图 4-17）。

图 4-14　建筑模型中墙面的做法(1)

图 4-15　建筑模型中墙面的做法(2)

图 4-16　建筑模型中墙面的做法(3)

图 4-17　建筑模型中墙面的做法(4)

2）屋顶

一般的建筑模型常常出现俯视的视角，故屋顶应该精心制作。若是建筑较复杂的房屋，就要对模型的表现进行多次研究。例如，平板类屋顶材料基本是以筒瓦、机瓦等材料表现不同的建筑风格。因此这类模型的表现应注意发挥材料所具有的特性（图 4-18）。

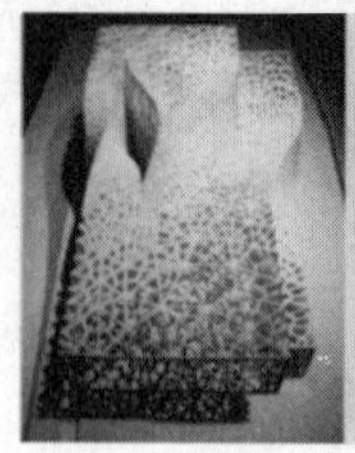
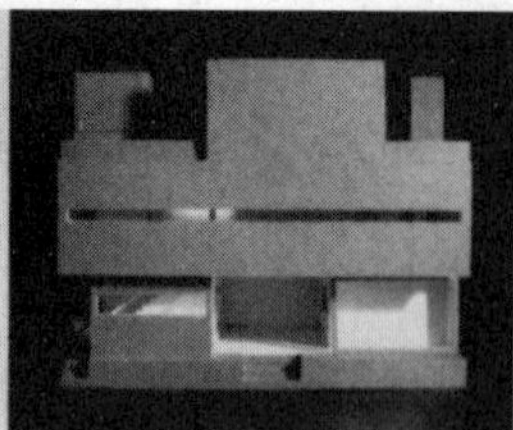

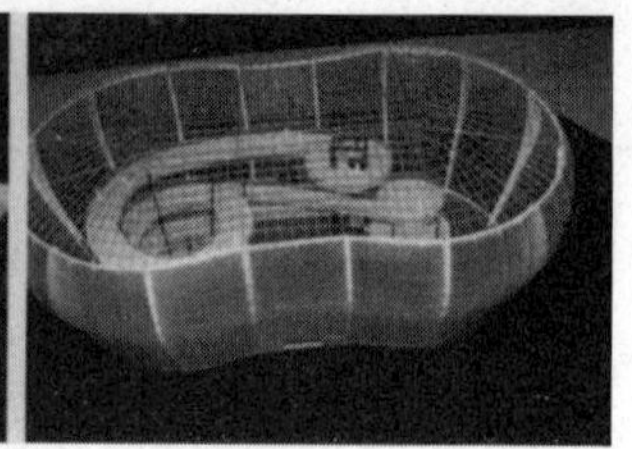

图 4-18　建筑模型中屋顶的做法

3）开口部分

影响建筑模型成品效果并起决定性作用的是对开口部分的表现，如窗户、出入口、玻璃幕墙等(图 4-19)。门窗洞口是建筑模型视觉表现的重要部分，如果没有表现好，会直接影响到模型的完成程度。所以，即便用无机单一材料制作，如何处理窗户洞口也是很重要的。由于选用的材料不同，在制作时所用的工时、精度及展示方式都有差别。这些均应在计划中事先决定下来。此外，在玻璃占主导地位的建筑中，如镜面玻璃和玻璃幕墙设计的建筑物，其幕墙的框架处理和玻璃表现将会对模型的质量起到决定性的作用，所以要特别注意处理时的精致效果。

图 4-19　建筑模型中开口部分的做法

建筑模型装饰附件是指主体建筑上的突出物，如阳台、阳台扶手、雨篷、台阶(踏步)、女儿墙以及依附建筑上的装饰物(构件)等。这些附属件需要单独做。先把建筑场地、框架、墙壁、门、窗(洞口)等这些主要表现方法确定下来，下一步就是遮阳板(雨篷)、阳台、阳台扶手、女儿墙、坡屋顶等这些细部的模型表现。但值得注意的是，不能对细部过于雕琢而忽略了整体。因此，对细部的表现刻画，要有和整体精度相协调的意识，使其适当而不过分。

7. 建筑模型整体拼装

建筑模型整体拼装是建筑模型制作过程中非常重要的一部分，主要是材料的剪切、打磨、简易拼装、粘贴、成型等。拼装过程中一定要注意建筑与场地的协调(图 4-20)。

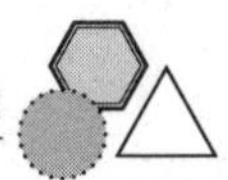

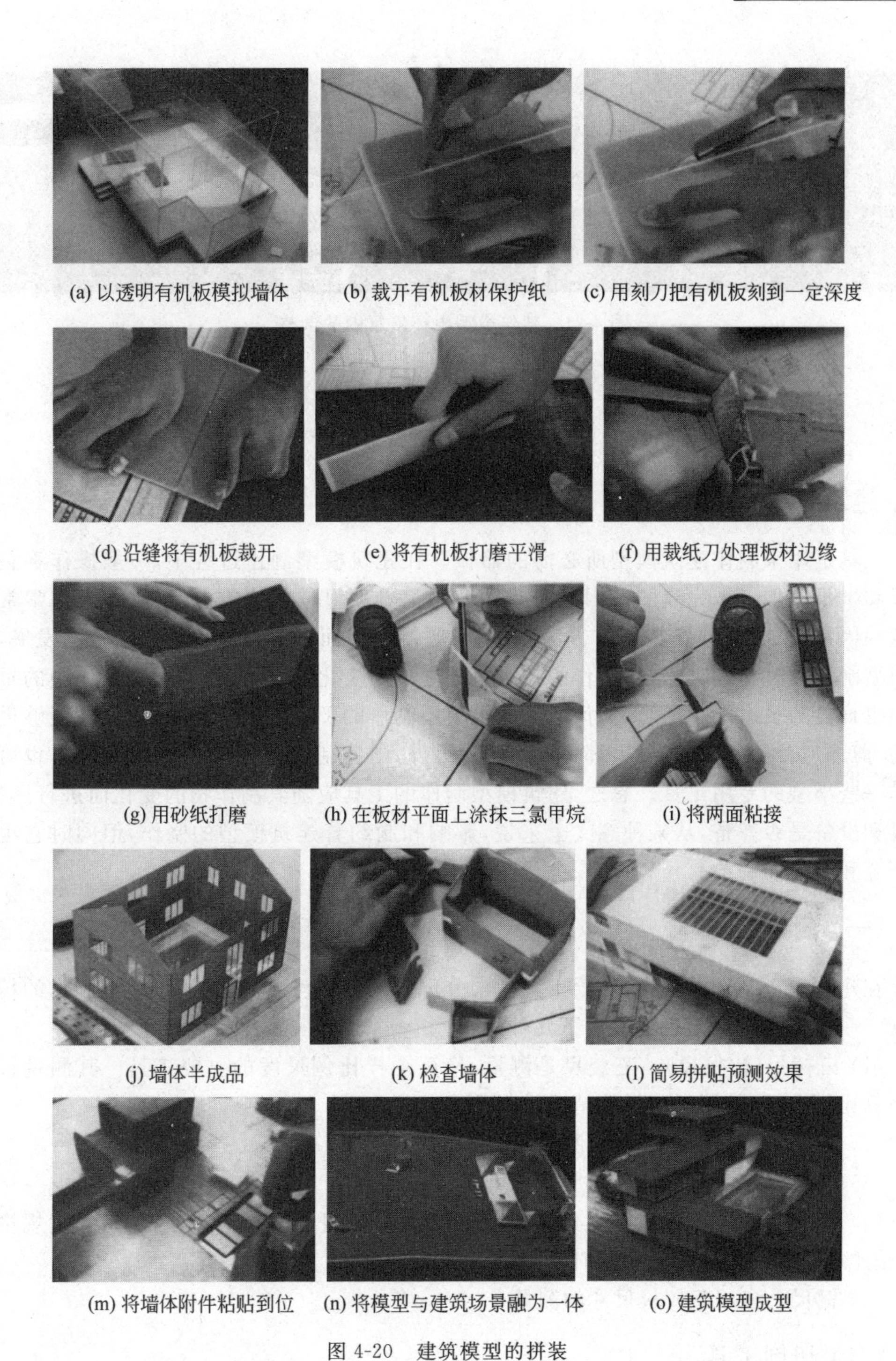

(a) 以透明有机板模拟墙体　(b) 裁开有机板材保护纸　(c) 用刻刀把有机板刻到一定深度

(d) 沿缝将有机板裁开　(e) 将有机板打磨平滑　(f) 用裁纸刀处理板材边缘

(g) 用砂纸打磨　(h) 在板材平面上涂抹三氯甲烷　(i) 将两面粘接

(j) 墙体半成品　(k) 检查墙体　(l) 简易拼贴预测效果

(m) 将墙体附件粘贴到位　(n) 将模型与建筑场景融为一体　(o) 建筑模型成型

图 4-20　建筑模型的拼装

8. 建筑模型环境氛围调整

建筑模型主体完成后，接下来是加强建筑模型的环境氛围，可以通过配备植物、调整色彩、加强灯光等手段来实现(图 4-21)。

图 4-21　建筑模型中环境氛围的调整

第三节　建筑模型的制作工具及表面处理技术

一、建筑模型的制作工具

工具是用来制作建筑模型所必需的器械。在建筑模型制作过程中，一般操作都是用手工和半机械加工来完成的。因此，选择、使用工具就显得尤为重要。过去，人们常常忽视这一因素，认为只要掌握制作方法，一切问题便迎刃而解了。随着科学技术的发展，建筑模型制作的材料种类繁多，制作的技术也随之不断变化，工具在建筑模型制作中的重要作用也日益凸显出来。那么，如何选择建筑模型制作的工具呢？一般来说，只要能够进行测绘、剪裁、切割、打磨的工具，都是可用的。另外，随着制作者对加工制作的理解，也可以制作一些小型的专用工具。总之，建筑模型制作的工具应随其制作物的变化而进行选择。工具和设备是否齐备，从某种意义上来说，影响和制约着建筑模型的制作，但同时它也受到资金和场地的制约。

（一）测绘工具

在建筑模型制作过程中，测绘工具是十分重要的，它直接影响着建筑模型制作的精确程度。一般常用的测绘工具有以下几种。

(1) 三棱尺(比例尺)。三棱尺是测量、换算图样比例尺度的主要工具。其测量长度与换算比例多样，使用时应根据情况进行选择。

(2) 直尺。多用于短尺寸的测量。

(3) 三角板。可测量较短的尺寸及角度。

(4) 弯尺。弯尺是用于测量 90°角的专用工具。尺身为不锈钢材质，测量长度规格多样，是建筑模型制作中切割直角时常用的工具。

(5) 钢尺。多用于较长尺寸的测量。

（二）切削工具

(1) 钩刀。钩刀(图 4-22)是切割各种有机玻璃、压力克板、胶片卡及防火胶板的主要工具，利用钩刀可将上述材料作直线钩割。钩刀刀片可以更换，备用刀片藏于刀柄之中。用钩刀钩割 1～3mm 厚的塑胶材料时，只需用钢尺辅助，割至胶片 1/3 深度后，将胶片割线居于桌边，一手将其按下固定，另一手用力下压即可。如钩割 5mm 厚以上的胶片，则需双面钩割或用电锯切割。

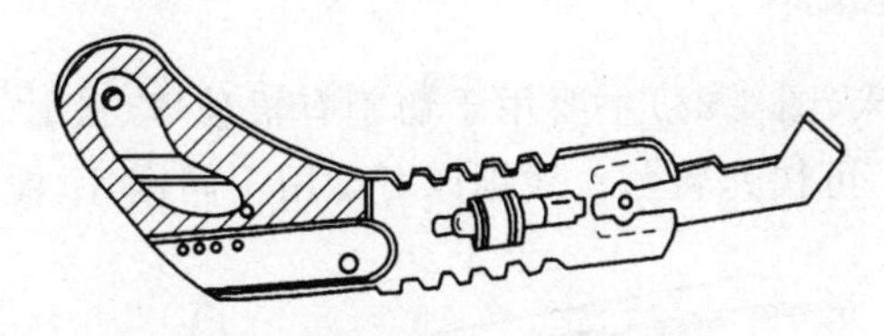

图 4-22　钩刀

(2) 手术刀。手术刀(图 4-23)主要用于各种薄纸的切割与划线,尤其是用于建筑门窗的切划。手术刀的规格品种较多,有圆刀、尖刀、斜口刀等。切划门窗一般用 3 号刀柄配 11 号斜口手术刀片比较理想,切划弧线则用圆口手术刀比较方便。手术刀刀锋尖锐,使用时切勿用手触摸刀口。手术刀的使用应顺刀口方向 45°角呈握笔姿势进行切划。

图 4-23. 手术刀

(3) 美工刀。美工刀(图 4-24)又名墙纸刀,主要用于切割纸板、墙纸、吹塑纸、苯板、即时贴等较厚的材料。刀片可收入刀柄,用时可推出,当刀口不快时可依刀片的斜痕,用刀柄尾部的插卡折断用钝了的刀片段后再继续使用。美工刀使用时刀片切勿推出太长,削切时宜用小角度切割,以免刮纸。

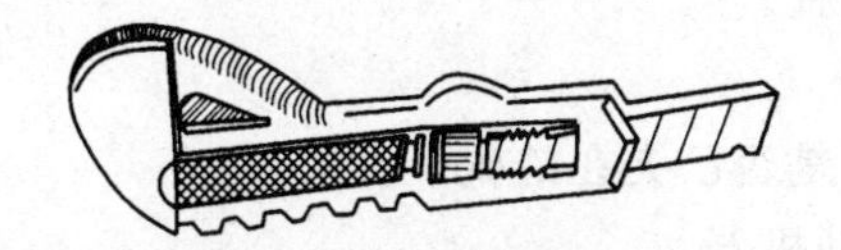

图 4-24　美工刀

(4) 单、双面刀片。这两种刀的刀刃薄,是切割吹塑纸的理想工具,但不宜切割较厚的苯板材料。

(5) 尖头刻刀。这种刀很锋利,硬度高,刀片不快亦要调换,是刻制细小线框和硬质材料的理想工具,使用方便。

(6) 剪刀。剪刀(图 4-25)是常用于剪裁纸张、双面胶带、薄型胶片和金属片的工具,一般模型制作时需备有医用剪刀、大剪刀和小剪刀三种。剪刀的选用要注意刀口锋利,铰位松紧适当,切勿随意抛掷。

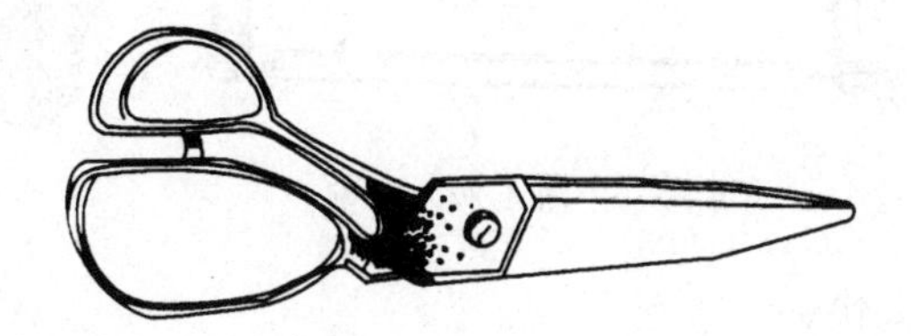

图 4-25　剪刀

（三）锯切工具与技术

(1) 线锯床。线锯床(图 4-26)主要用于切割有机玻璃、胶片、软木、薄板和金属片的曲线和弯位。锯片较细,可快速转弯。线锯床可配用不同锯片,使用时应注意以下方面。

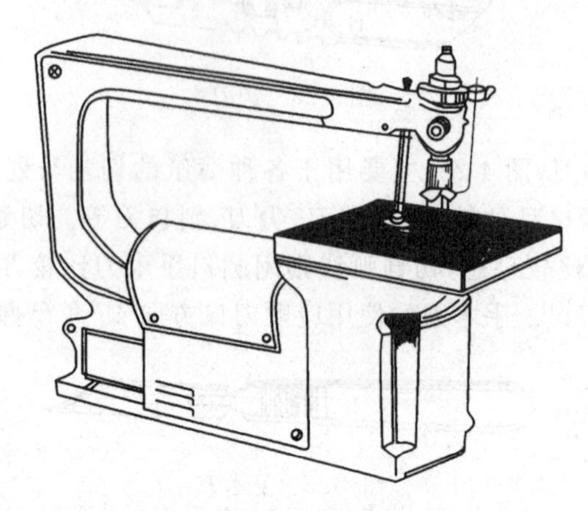

图 4-26　线锯床

① 选择合适的锯片,锯齿要向下,将其正确地装嵌在机内。

② 检查各部分机件,如开关、电动机、踏靴等。

③ 把工件放在锯台上。

④ 调整踏靴至合适位置。

⑤ 放好安全罩。

⑥ 开机前要查看工件是否已夹在踏靴下。

⑦ 用手按住工件,开动机器。

⑧ 起动后留意锯片上下摆动的位置。

⑨ 弯曲工件时要注意对工件的力度控制。

(2) 手锯。手锯(图 4-27)有木锯、板锯、钢锯和线锯之分,主要用来切割线材与人造板材。木锯背有一条线弓,控制锯片松紧,不易弯曲,用来锯割木料横切面较理想;板锯用来锯割人造板材及有机玻璃;钢锯用来锯割金属材料(如铝合金和不锈钢);线锯用来锯割曲线与弯位。用锯加工材料要注意以下几点。

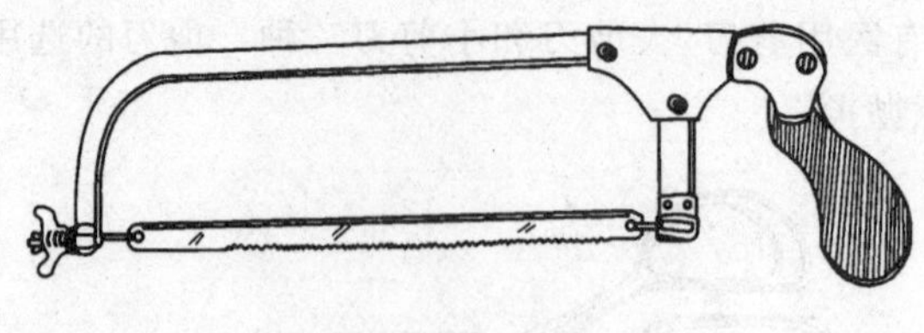

图 4-27　手锯

① 锯割速度不要太快。

② 锯片和工件面成 90°。

③ 遇到弯位与收口要特别小心。

④ 起锯时可用手指辅助定位。

⑤ 可借助虎钳、垫板、金工台钳等工具固定材料，以方便锯割。

⑥ 锯片可转换角度，以方便锯割长料。

⑦ 锯割时要把握好锯片方向。

⑧ 锯割后的工件会有利口，锯片和工件会因摩擦而发热，切勿用手触摸。

(3) 电阻丝切割器。锯切吹塑纸、苯板的工具称电阻丝切割器(图 4-28)，可以自制。其制作方法如下。

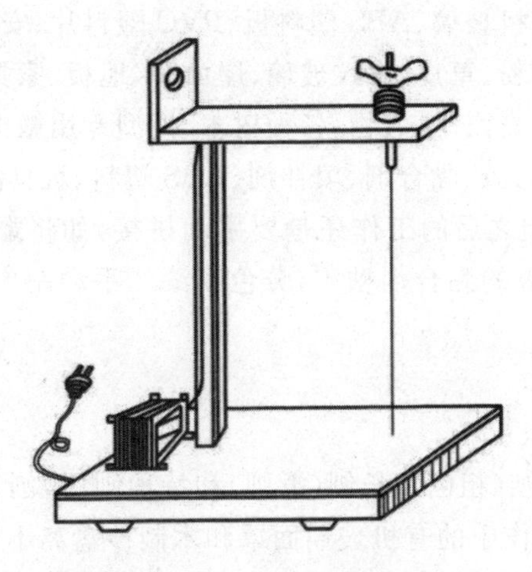

图 4-28　电阻丝切割器

① 准备交流电输入为 220V、输出为 6.3V、50W 以上功率的控制变压器一个，电源开关一个，6.3V 指示灯罩一个，吉他钢弦或电阻丝一根，厚夹板或木板一块，50mm×50mm×420mm 木方两条，木工用 8mm 锯钮一个，8mm 内径弹簧一个，3mm 螺钉一个，电线及电线夹、电源插头一套。

② 将上述材料按图安装，接通即可使用。

③ 切割时可先查看吉他钢弦(或电阻丝)热量，如热量不够可剪短些。

(4) 计算机雕刻机和激光雕刻机。应用计算机雕刻机(图 4-29)、激光雕刻机可以对

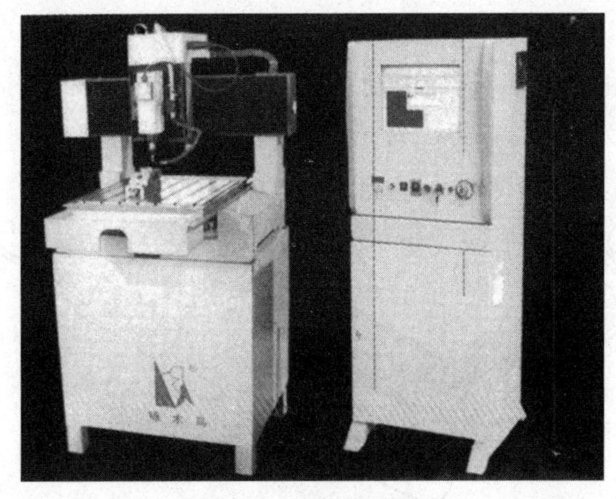

图 4-29　计算机雕刻机

模型的门窗、各种圆弧顶板、广场划线、栏杆、瓦楞屋面等构件进行精确切割加工。计算机雕刻技术是将待雕刻图案输入计算机，再利用计算机程序控制雕刻，其精度可达到0.1%；计算机雕刻机、激光雕刻机两者比较，后者的速度、精度更高。

计算机及激光雕刻工艺大量使用进口的有机玻璃板及各种专业模型材料，确保持久耐用且不变形，并采用溶解性氧化无缝粘连，可确保建筑体表面无明显接缝及印痕，采用进口高级玩具漆进行表面喷绘及特殊的处理效果。

主要模型材料如下。

① 模型板材：进口有机玻璃、ABS塑料板、PVC塑料片、安迪板。

② 仿真面材：植绒草粉、草皮、水纹玻璃、屋面、木地板、家具木纹、沙发布艺。

③ 专用模型配件：仿真汽车、人物、各种树木、模型专用微电路灯饰。

④ 辅材料：U胶、强力胶、黏合剂、填补剂、ABS塑料、玩具漆、玻璃漆。

虽然是计算机雕刻，但之后的工作还是要手动拼接，如将雕好的墙板、栏杆、屋顶、窗套等构件准确对位，用对应的黏合剂粘牢，分色喷漆。手动制作底板，手工装配声、光、电等设备，再整体拼合。

（四）刨锉工具

（1）木刨。木刨分短刨（粗刨）、长刨（滑刨）和特种刨（槽刨）三种，主要用来刨平木料及有机玻璃。建筑模型制作中的有机玻璃面罩和木制沙盘离不开刨削技术。木刨转动旋转轮，可调校刨削的深浅度；推拨调校杆，可调校刨刀使其与刨底左右平衡。刨楔用来将刨刀固定于刨身上，刨刀装拆容易，刨身前后均有木柄，使用十分方便。刨削材料时，可根据不同要求而选用合适的刨。

（2）锉。锉主要用于修平与打磨有机玻璃和木料。锉分木锉与钢锉两类，木锉用于木料加工，钢锉用于有机玻璃与金属材料加工。按锉的形状与用途，可分为方锉、圆锉、半圆锉、三角锉、扁锉、针锉，可视工件的形状选用。按锉的锉齿，可分为粗锉、中粗锉和细锉。锉的使用方法有横锉法、直锉法和磨光锉法。工件锉切后的利口，要用锉削法去消除。

（五）钻孔工具

手提电钻是主要的钻孔工具，用电动机驱动，令夹头转动，带动钻头钻孔，用途与手摇钻相同，只是钻孔更为方便、省力。普通手提电钻可配用12mm以下的直柄麻花钻头（图4-30）。

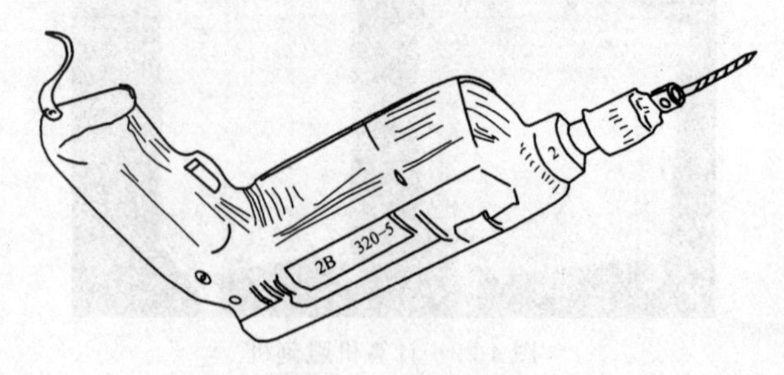

图4-30 手提电钻

二、建筑模型表面处理技术

在建筑模型制作中，对木料、纸料、塑料和金属材料的表面必须做适当处理，使之有较整洁美观的外观色彩和质感效果。

（一）打磨技术

凡塑料、木料和金属材料大都需打磨后才会使其表面光滑，主要的打磨工具是砂纸和打磨机。砂纸分木砂纸、砂布和水磨砂纸，分别用于木料、金属和塑胶的打磨。打磨机分平板式与转盘式两种。打磨模型工件时可涂少量上光剂（又称擦亮剂），边磨边擦，效果会更好。磨涂擦亮剂（亦可用牙膏代替）最好用白布或纱头，打磨时最好用绒布或粗布。对模型工件毛坯的粗加工，也可选用砂轮机。

（二）喷涂技术

美化建筑模型工件，最简单的方法是在其表面刷上一层油漆或喷涂一层色料，这样既美观又保护工件。如自制绿化树后喷涂绿漆和发胶、自制墙面纸喷涂多彩墙面漆、自制屋面彩釉瓦涂刷手扫漆、自制不锈钢雕塑涂刷银色漆等。涂刷油漆、色料前，模型工件表面必须平滑，如有小孔或缝隙，可用填塞剂（如猪料灰、油泥等）填平，干固后用砂纸磨平，再行喷涂。喷涂的材料有手扫漆、自喷漆、磁漆、水粉色料等。

（三）贴面技术

建筑模型中路面、墙面、屋面、沙盘的底座、支架等的制作，都需用防火胶板、即时贴或有机玻璃作贴面装饰。贴面装饰的主要材料是贴面板（纸）以及黏合剂。贴面技术的关键在于以下两个方面：一是两个贴面要平滑光洁；二是黏合剂要填涂均匀，以使贴面无气泡和气孔，粘贴后要适当压平。

第四节　建筑模型的制作方法

根据课程考核内容与要求，或根据委托方对建筑模型内容、深度与要求来制定模型制作的具体流程。而对概念模型、标准模型的制作，流程上可以做适当删减。

建筑模型的一般制作流程如图 4-31 所示。

一、理解建筑模型制作的主题与要求

就本课程考核而言，建筑模型制作的主题以大学生日常生活中经常使用的建筑类型为主，如住宅、别墅、宿舍楼、教学楼等；或者以日常生活中经常接触的建筑类型为主，如商场、售楼部、园林景观建筑等；或者选用较为合适的世界著名建筑作为建筑模型制作对象，其中不乏居住建筑、教育建筑、宗教建筑等建筑类型。建筑模型制作要求会对模型制作深度、色彩表现形式、比例及底座尺寸、制作材料、表现重点、制作周期等方面做具体规定。

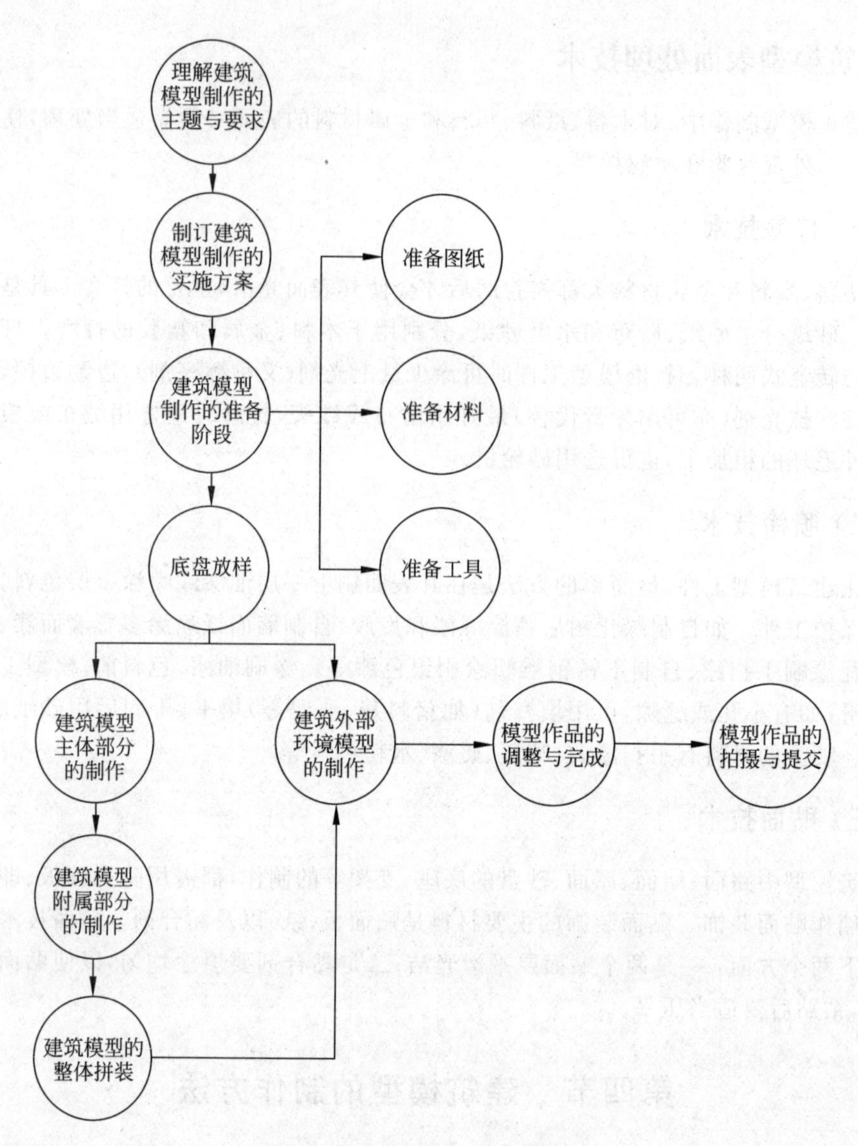

图 4-31　建筑模型的一般制作流程

建筑模型公司受建筑设计公司和建筑设计院的委托制作方案模型与展示模型，其建筑类型丰富多样，模型制作精度要求也较高。有时根据委托方的要求，建筑模型公司在制作模型时还需配有声、光、电技术，甚至需要结合三维动画漫游的表现形式，多方面、多视角、可视化、形象化、仿真化地展示建筑功能、建筑影像与建筑空间，给观众身临其境的感受。

二、制订建筑模型制作的实施方案

根据建筑模型制作的主题与要求，结合本课程教学特点，制订建筑模型制作的实施方案。建议列出建筑模型制作时间进度表，以 36 学时实践教学为例，如表 4-1 所示。

表 4-1　建筑模型制作时间进度表

学时分配	建筑模型制作进度与安排
8	建筑模型图纸的收集、绘制与整理
4	估算建筑模型制作材料的用量、建筑模型制作工具的种类与数量，购买材料与工具
2	制作建筑模型底座；底盘放样；确定建筑模型各组成部分的空间位置
8	建筑模型主体部分的制作
4	建筑模型附属部分的制作
4	建筑模型整体拼装
2	建筑模型外环境的制作
2	建筑模型作品的调整与完成
2	建筑模型作品的拍摄；评讲作品；优秀作品留存

注：以上学时分配及进度安排，可根据各院校建筑模型课程内容与特点做适当调整，但建筑模型作品应达到建筑展示模型制作的深度。

三、建筑模型制作的准备阶段

根据课程教学特点，建筑模型制作的准备阶段分为建筑模型图纸的收集与绘制和建筑模型材料与工具准备两步骤。

在制订建筑模型制作的实施计划后，开始准备建筑模型所需要的图纸。图纸的准备方法有两种：一种方法是在建筑设计的同时进行建筑模型制作，该方法首先根据建筑设计任务书绘制出建筑的方案图或者建筑施工图，然后再根据图纸制作模型；另一种方法是首先收集完整的建筑模型图纸（有时候图片和图纸不够完整，模型制作者需要绘制和完善图纸，图纸上需有尺寸标注），然后再根据图纸制作模型，该方法操作简便。如没有明确建筑模型制作比例，那么图纸绘制完成后，可根据建筑图纸确定建筑模型比例。建筑模型制作常用比例为 1∶10、1∶15、1∶20、1∶30、1∶50 等，也可以自定义建筑模型制作比例。建筑模型的比例直接关系到建筑模型底座的大小，根据比例可计算出建筑模型的底座尺寸。

在建筑模型材料与工具准备阶段中，可以根据建筑模型制作的实际所需，有选择性地购买建筑模型制作的材料与工具，尽可能地在日常生活中运用废弃材料。此外，选择建筑模型材料时还需要注意材料色彩间的搭配。

建筑模型底座可以采用泡沫板、木板等材料，如底座表面凸凹不平，可以用包装纸装饰。如果希望制作建筑模型夜景灯光效果，还需购买灯泡、二极管等照明材料。这些管线、设备等一般位于底座下方，如图 4-32～图 4-35 所示。

四、底盘放样

底盘，又名底座。当底座制作完毕后，需对图纸进行放样，即根据建筑图纸将图样等比例缩放到底盘上，且要求与图纸设计内容完全相同。然后，在图纸的背面垫上复写纸，用圆珠笔按照图纸线条描绘一遍。这样，就完成了底盘放样。

图 4-32　泡沫板

图 4-33　木板

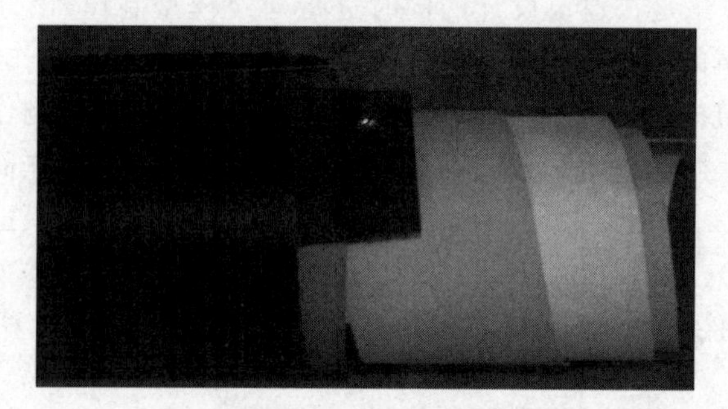

图 4-34　包装纸

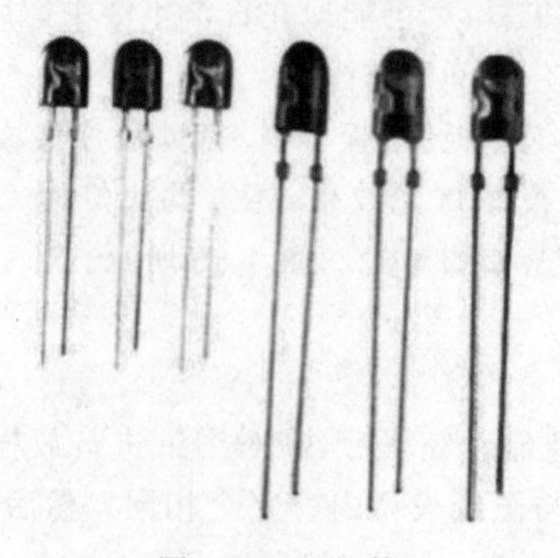

图 4-35　二极管

（一）建筑模型的操作

1. 建筑模型主体部分的制作

建筑模型主体部分主要包括墙体、门窗、屋顶、构造柱的模型。其中，墙体按照空间位置的不同，又分为内墙与外墙。墙体常采用模型板制作。制作时应注重墙面转折处的处理，必要时可在墙面转折处使用木条，从而增加墙面粘接面积，使墙体模型更加牢固。当墙面模型为弧面或者曲面时，可采用嵌入式法或捆扎法固定，如图 4-36 所示。

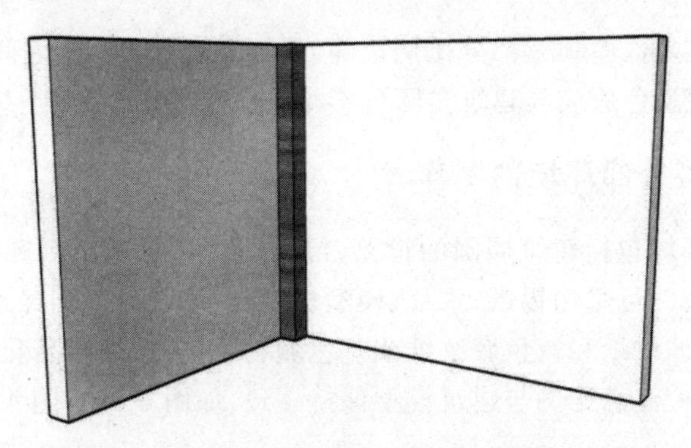

图 4-36　墙面转折处示意图

2. 建筑模型附属部分的制作

建筑模型附属部分主要包括门窗、阳台、台阶和楼梯、雨篷等。在制作这些建筑模型时，应满足建筑设计的要求。例如，阳台栏杆的高度应根据《民用建筑设计通则》(GB 50352—2005)和《住宅设计规范》(GB 50096—2011)中的规定：阳台栏杆设计应防儿童攀登，栏杆的锤子杆件间净距不应大于 0.11m，放置花盆处必须采取坠落措施。低层、多层住宅的阳台栏杆不应低于 1.05m；中高层、高层住宅的阳台栏杆不应低于 1.1m。中高层、高层及寒冷、严寒地区住宅的阳台采用实体栏板；外窗窗台距楼面、地面的高度低于 0.9m 时，应有防护设施，窗外有阳台或平台时可不受此限制。窗台的净高度或防护栏杆的高度均应从可踏面起算，保证净高为 0.90m。再如，台阶的踏步常用的高度尺寸如表 4-2 及图 4-37 所示。

表 4-2　踏步常用的高度尺寸

名称	住宅	幼儿园	学校、办公室	医院	剧院、会堂
踏步高 h/mm	150～175	120～150	140～160	120～150	120～150
踏步宽 b/mm	260～300	260～280	280～340	300～350	300～350

3. 建筑模型的整体拼装

在完成建筑模型构件制作后，需按照设计图纸，对建筑构件进行粘接与拼装，然后对模型整体进行打磨、上色。在此过程中有以下制作要点。

(1) 建筑模型与图纸相符。

(2) 屋顶与墙面应无缝对接。

(3) 墙面转折处轮廓线应清晰而挺括。

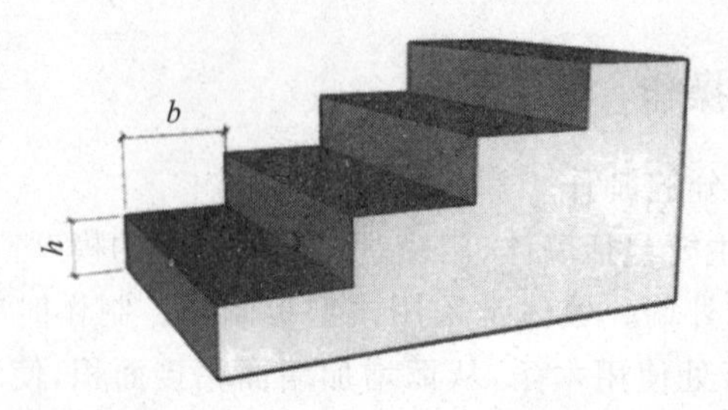

图 4-37　踏步三维模型示意图

(4) 建筑基座、屋身、屋顶三部分比例正确，建筑界面上各构件之间比例正确。

(5) 建筑展示模型色彩应与建筑实际色彩相符。

（二）建筑模型外部环境的制作

建筑模型外部环境包括建筑周围的道路、绿化、水体、景观小品和景观设施等要素的形态和空间位置。道路可采用锡纸、木片、模型板制作；绿化可采用绿地粉、绿篱与树木型材制作；水体可采用波纹纸和蓝色底纹纸或蓝色颜料制作；景观小品和景观设施可采用复合材料制作，制作时应注意比例与建筑模型保持一致，如图 4-38～图 4-41 所示。

图 4-38　用锡纸制作的道路

图 4-39　用绿地粉、植物型材制作的“迷宫”

图 4-40 用波纹纸、蓝色颜料、小石子制作的水面

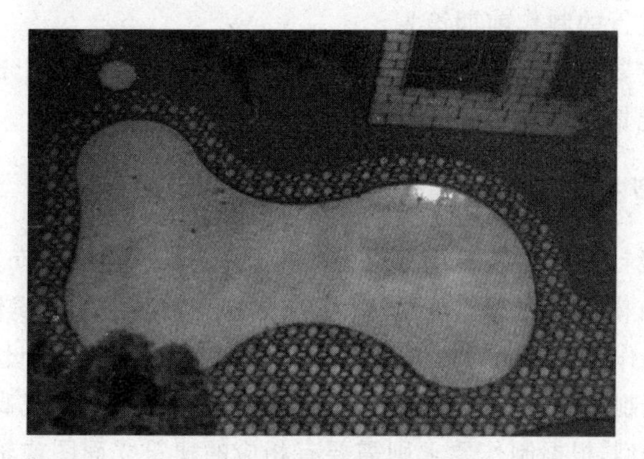

图 4-41 水面模型

五、建筑模型作品的整体性调整与完成

该步骤分为以下几个方面。

(1) 对建筑模型细节的再检查与再调整。

(2) 对建筑模型完整性的再检查与再完善。

(3) 对建筑模型视觉效果与艺术效果的评估。

(4) 完成建筑模型作品。

六、对建筑模型最终效果的拍摄,提交建筑模型

在拍摄建筑模型作品时需把握三个原则。

(1) 照片应高精度,尽量使用单反相机拍摄建筑模型作品。如没有单反相机,可以采用高像素的数码相机进行拍摄,并在 Photoshop 软件中对照片做适当调整,打印分辨率以在 300dpi 为最佳。

(2) 深色衬布(以黑色衬布为最佳)作为建筑模型拍摄的背景,这样拍摄的照片建筑模型轮廓线清晰,便于后期照片处理。

(3) 尽量采用自然光拍摄,使用恒定光源进行拍摄时,需使拍摄于照明光源的方向成45°左右水平夹角,从而以最佳的方式体现建筑模型的特色。

建筑模型照片处理好后，可按照任课教师或建筑模型制作委托方的要求提交建筑模型作品。

第五节　建筑模型制作

建筑模型制作包括建筑模型的主体、地形、配景等部分，需要协调主体与配景的关系，做到主体突出。

一、建筑模型设计

建筑模型设计是建筑设计完成后，制作建筑模型前，依据建筑模型制作的内在规律以及工艺加工过程所进行的制作前期策划。

建筑模型设计主要是从制作角度上进行构思。它可以分为两个部分，即建筑模型主体设计和建筑模型配景设计。

（一）建筑模型主体设计

建筑模型主体设计是在建筑模型制作中首先要考虑的重要环节。所谓主体设计，是指在宏观上控制建筑模型主体制作的全过程，根据建筑模型用途的属性确定制作方案。

建筑模型主体制作方案的制订依据是建筑设计，首先要取得建筑设计的全部图文资料。一般规划类建筑模型制作应该有总平面图，图纸上建筑要标有层数或高度等数据。若制作比例尺较大的建筑模型，根据制作要求则需要有相应的建筑立面图或轴测图。对于制作大型的规划类建筑模型，则要求具备总平面图、建筑单体的各层平面图、立面图、剖面图，有条件的还应具有相应的效果图，为建筑模型制作者提供单面色彩表现及效果表达的参考。

将上述资料备齐后，则可进行制作方案的设计。制作方案的设计不同于建筑设计，它主要是在建筑设计的基础上，对建筑模型主体制作的各个环节所进行的前期策划。主要应从以下几个方面考虑。

1. 总体与局部

在进行每一组建筑模型主体设计时，最主要的是把握总体关系，即根据建筑的风格、造型等，从宏观上控制建筑模型主体制作的选材、制作工艺及制作深度等诸要素，其中，制作深度是一个很难把握的要素。一般认为制作深度越深越好，其实这只是一种片面的认识。实际上，制作深度没有绝对的，只有相对的，都是随着主体的主次关系、模型比例的变化而变化。只有这样，才能做到重点突出，避免程式化。

在把握总体关系时，还应结合建筑设计的局部进行综合考虑。因为，每一组建筑模型主体，从总体来看，它都是由若干个点、线、面进行不同组合而形成的。但从局部来看，造型上也都存在着差异。然而这种个体性差异，制约着建筑模型制作的工艺和材料的选定。所以，在制作建筑模型主体时，一定要注意结合局部的个体差异性进行综合考虑。

2. 效果表现

效果表现是在制订方案时首先要考虑的问题。也就是说，想用制作的建筑模型来表

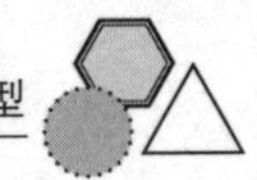

达出想要的效果，在考虑这一问题时，主要是围绕建筑主体展开的。

建筑主体是根据设计人员的平、立面组合而形成的具有三维空间的建筑物。但有时由于条件的限制，很难达到预想的效果。所以，建筑模型制作人员在建筑模型制作前，应根据图文资料以及设计人员对效果表现的要求进行建筑模型立面表现的二次设计。需要注意的是，这种设计是以不改变原有建筑设计为前提的。

在进行建筑立面表现时，首先将设计人员提供的立面图放大至实际尺寸。对设计人员提供的各个立面进行观察、调整，以便取得最佳的制作效果。此外，在进行建筑立面表现时，还应充分考虑到由图纸上的平面线条到凹凸变化立体效果的转化，分清装饰线条和功能性的线条，做到内容和形式相统一。另外，还要考虑模型尺度。在制作不同尺度的建筑模型时，效果表达的手段也不尽相同。所以，在进行建筑主体立面设计时，一定要把模型制作尺度、制作技法、效果表达等要素有机地结合在一起，应综合考虑、设计，一定要注意表达的适度，不破坏建筑模型的整体效果。

3. 材料的选择

建筑模型的色彩是利用不同的材质或仿真技法来表现的。建筑模型的色彩与实体建筑不同，就表现形式而言可分为两种：一种是利用建筑模型材料自身的色彩，这种形式体现的是一种纯朴自然的美(图 4-42)；另一种是利用各种涂料进行面层喷绘，实现色彩效果，这种形式产生的是一种外在的形式美(图 4-43)。在当今的建筑模型制作中，利用后一种形式的居多。

图 4-42 建筑模型效果表现的自然美

图 4-43 建筑模型效果表现的形式美

（二）建筑模型配景的制作与设计

建筑模型配景的制作与设计是建筑模型制作与设计中的一个重要组成部分。它包括的范围很广，最主要的是绿化部分的制作与设计。建筑模型的绿化是由色彩和形体两部分构成的。作为设计人员，最主要的就是把方案当中的平面设想，制作成有色彩与形体的实体环境。设计时应注意以下两点。

1. 绿化与建筑的主体关系

建筑主体是设计制作建筑模型绿化的前提。在进行绿化设计前，首先要对建筑主体的风格、表现形式以及所占比重有所了解。而绿化无论采用何种形式与色彩都是围绕建筑主体进行的。

2. 绿化中树木形态的塑造

自然界中的树木千姿百态，但作为建筑模型中的树木，不可能也绝对不能如实地描绘，必须进行概括和艺术加工。

在具体设计时要考虑以下两点。

(1) 建筑模型比例的影响。树木形体刻画的深度是和建筑模型的比例息息相关的。一般来说，在制作 1∶2000～1∶500 的模型时，由于比例尺较小，搭配树木应注重整体效果；在制作 1∶300 以上的比例时，应注重树木的具体刻画。

(2) 绿化面积以及布局的影响。树木色彩是绿化构成的另一个要素。在设计处理建筑模型绿化色彩时，应考虑色彩与建筑主体的关系、色彩自身变化与对比关系以及色彩与建筑设计的关系，达到主题突出，并丰富建筑模型的效果。

建筑模型配景的制作材料可以尽量使用一些废旧材料，如使用过的废弃物：各种箱板、包装盒、塑料容器、纽扣及建筑材料等。此外，还有一些平常不被注意的小物品，在背景制作中往往能借助其本身特点发挥大用途，这些材料可以体现配景的质感、效果等。

在设计配景时，建筑模型制作者要有丰富的想象力和概括表现力，正确处理各构成要素之间的关系。通过理性思维与艺术的表达，将平面的建筑设计转换为建筑模型的实体环境。

二、建筑模型制作的技巧

每位建筑模型师都有自己一套完整的工艺制作技巧，下面我们从最常规的方法中寻找建筑模型制作的捷径。

（一）建筑模型制作的特殊技法

在建筑模型制作中，有很多构件属于异型构件，如球面、弧面等。这些构件的制作，靠平面的组合是无法完成的。因此，对于这类构件的制作，只能靠一些简易的、特殊的方法来完成。总结起来有以下三种。

1. 替代制作法

替代制作法是在建筑模型制作中完成异型构件制作最简便的方法。所谓替代制作法

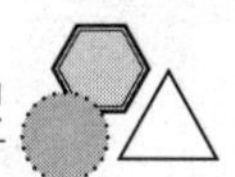

就是利用现有成型的物件经过改造而实现另一种构件的制作。这里所说的“现有成型的物件”主要是指我们身边存在的、具有各种形态的物品,以及我们的废弃物。因为这些物品是经过模具加工生产的,具有很规范的造型。所以,只要这些物品的形体和体量与所要加工的构件相近,即可拿来加工修改,完成所需要的加工制作。例如,在制作某一模型时,需要制作一个直径 40mm 左右的半球形构件,我们就可使用替代制作法。因为不难发现乒乓球的大小、形状和要加工的构件相似,于是便可将乒乓球剪成所要求的半球体。

以上只是一个比较简单的例子,在制作比较复杂的构件时,可以化繁为简,将一个构件分解成为最基本形态的几个构件去寻找替代品,然后再通过组合的方式即可完成复杂构件的加工。

2. 模具制作法

用模具浇筑各种形态的构件也是制作异型构件的方法之一。在使用这种方法制作时一定要先制作模具。模具的制作方法比较多,这里介绍一种最简单的操作方法。先用塑泥或油泥堆塑一个构件原型。堆塑时要注意造型的准确和表层的光洁度。待原型干燥后,在其外层刷上隔离剂后即可用石膏来翻制阴模。在阴模翻制成型后,小心地将模具内的构件原型清除掉。最后,用板刷和水清除模具内的残留物并放置通风处干燥。干燥后,根据具体情况再做进一步的修整,即可完成模具的制作。

在模具完成后,便可进行构件的浇筑。一般常用的材料有石膏、石蜡、玻璃钢等。

3. 热加工制作法

热加工制作法是利用材料的物理性质,通过加热、定型产生物体形态的加工制作方法。这种制作方法适合于有机玻璃板和塑料类材料并具有特定要求构件的加工制作。

在利用热加工制作法进行构件制作时,与模具制作法一样,首先要进行模具的制作。但是热加工制作法的模具没有一定的模式,这是因为有的构件需要阴模来进行热加工制作,而有的构件则需要阳模进行压制,所以,热加工制作法的模具应根据不同构件的造型特点和工艺要求进行加工制作。另外,作为加工模具的材料也应根据模具在压制构件过程中挤压受力的情况来选择。无论采用何种形式与材料进行模具加工制作,在模具完成后,便可以进行热加工制作。

在进行热加工时,首先要将模具进行清理。要把各种细小的异物清理干净,防止压制成型后影响构件表面的光洁度。同时,还要对被加工的材料进行擦拭。在加热过程中,要特别注意板材受热均匀,加热温度要适中,当板材加热到最佳状态时,要迅速将板材放入模具内,并进行挤压和冷却定型。待充分冷却定型后,便可进行脱模。脱模后,稍加修整,便可完成构件的加工制作。

(二)建筑模型色彩的制作与设计

作为建筑模型制作者,首先应掌握色彩的基本构成原理;其次,要掌握颜色的属性及其他色彩知识,并根据建筑模型制作表现的内在规律,来调制建筑模型制作所使用的各种色彩。在制作中具体运用的方法有以下几种。

1. 利用材料本色

在建筑模型制作中,有很多地方是利用材料的本色进行制作的,如剥离部分、金属构件、木质构件等。人为的色彩处理不能表达材料自身的色彩和效果，所以在这部分的色彩表现上，必须利用材料自身的颜色。

2. 二次成色的利用

在建筑模型制作中，二次成色的利用相当广泛。这是因为原材料的色彩不能满足建筑模型制作的色彩要求，只能利用各种制作手段和色彩调配，改变原材料的色彩，实现想要表达的色彩。

3. 建筑模型色彩的调色

建筑模型色彩的调色是一个非常复杂的过程，在调配过程中要考虑多因素的影响，如果忽略这些，将会影响建筑模型的色彩表达。

这些影响因素包括操作环境、光环境、尺度、工艺因素、色彩因素等，它们都会不同程度地影响建筑模型的表达效果，在调配色彩时要多加注意。

（三）建筑场地制作的技巧

在表现建筑场地环境中高低差较大的模型时，一般采用装饰性与写实性的手法来表现。

1. 装饰性表现技巧

以简洁、概况的手法，象征性地表现地形。按照规定的比例以及地形等高线，将板材（模板、泡沫板、厚纸板）切割成一块块的等高线形状。然后将这些切割好的等高线形状板材，采用多层粘贴，如同表现“梯田”一样，并且忽略自然地形中的细节部分（图 4-44）。这一手法比较适合呈现地形变化大的环境。如果变化不大时，可以考虑用写实性表现。

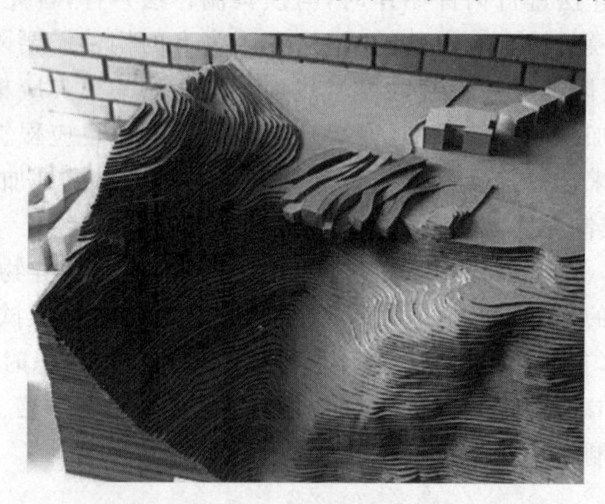

图 4-44　模型地形的装饰性表现

2. 写实性表现技巧

具体做法为：按地形图上的等高线，将泡沫板材（减轻底座重量）按自然地势形状切割成近似等高线的层板，并多层粘贴。然后涂上胶水，铺上纱布，再将石膏填上。与此同时，还要注意对自然地形的塑造。等造型完后，在其上面涂胶水，撒上绿色粉末，或喷色彩，或插上植物（图 4-45）。一般情况下，这一手法主要用来表现地形特色。

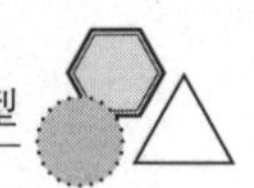

图 4-45 模型地形的写实性表现

（四）地面的艺术处理

当底盘的地形有了基本雏形后，接下来就要进行地面的处理。这时要充分考虑整体关系，以及道路、铺地、青苔、水面等的处理手法，同时还要考虑到建筑室内外景物的相互关系，做到突出主题。

1. 草地的做法

图 4-46 中草地的做法便是较为详细的案例。

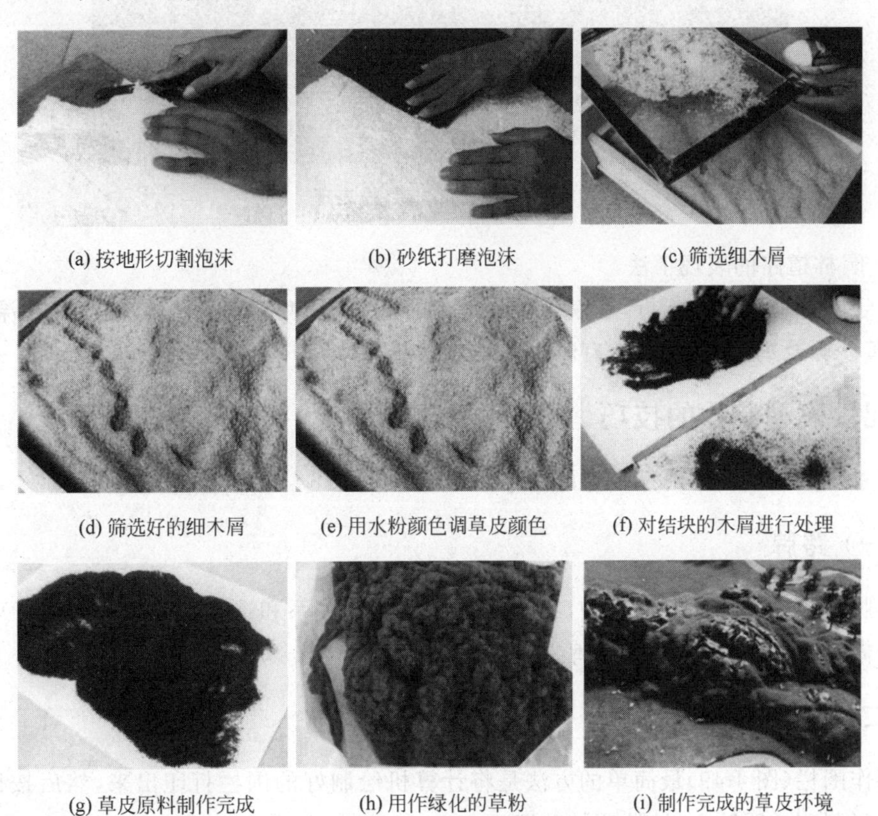

(a) 按地形切割泡沫　(b) 砂纸打磨泡沫　(c) 筛选细木屑

(d) 筛选好的细木屑　(e) 用水粉颜色调草皮颜色　(f) 对结块的木屑进行处理

(g) 草皮原料制作完成　(h) 用作绿化的草粉　(i) 制作完成的草皮环境

图 4-46 草地的做法

2. 水面的做法

如果是很小的水面，可以用简单着色法处理；若面积较大，则多用玻璃板或丙烯之类的透明板。

3. 道路的做法

道路可以分为城市道路和园林道路，在做法上略有不同。当建筑模型需要表现城市道路、园林道路以及广场地面的效果时，首先要注意各功能空间的色彩关系；其次是表现质感。

1）城市道路的表现手法

简单的做法：在底盘上直接着色或粘贴胶带即可。

复杂的表现手法：当表现对象较小，并要求表现出道路与人行道时，可以用软木板、纸板或织物等薄板材料贴在道路的两边，再通过上色以区分道路和人行道的关系(图 4-47)。

图 4-47　城市道路的表现

2）园林道路的表现手法

由于园林道路曲曲折折，是仅属于人行走的道路(图 4-48)。一般做法会采用涂色、白沙砾、黄沙砾及鸡蛋壳等材料，有时也采用木砂纸剪贴。

三、配景模型制作的技巧

配景模型主要从以下三个方面入手。

（一）路牌

路牌是一种示意性的标志物，在制作时注重比例关系和造型特点。一般以 PVC 杆、小木杆做支撑，以厚纸板做示意牌。

（二）围栏

制作围栏(图 4-49)最简单的方法是将计算机绘制好的围栏打印出来，然后按比例用复印机复制到透明胶上，按轮廓粘贴即可。

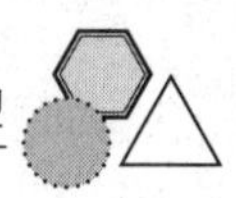

图 4-48　园林道路的表现

图 4-49　围栏

（三）其他小品

此外，还有一些例如电话亭（图 4-50）、家具等小品，制作时应合理利用材料，进行抽象化表现即可。

图 4-50　其他小品

第五章

建筑设计

建筑设计同所有设计一样，都是一种有目的的造物活动，是概念和因素转化为物质结果的必需环节。但是从专业特征的角度出发，建筑设计的过程自始至终贯穿着思维活动与图示表达同步进行的方式，因此要做一个好的设计。

第一节　建筑设计概述

一、概述

建筑设计是建筑学专业学习的重要内容，建筑设计能力的提高需要长期的锻炼，必须对建筑及建筑设计有一个深入透彻的了解与认识，同时还需要有一个正确的设计方法与工作方法。

建筑设计一般大体可以分为三个阶段：方案设计、初步设计和施工图设计，即从建设单位提出建筑设计任务书一直到施工单位开始施工的全过程。这三部分在相互联系、相互制约的基础上又有着明确的职责划分。

方案设计作为建筑设计的第一阶段，担负着确立建筑的设计思想、意图，并将其形象化的职责，它对整个建筑设计过程所起的作用是开创性和指导性的。

初步设计和施工图设计则是在此基础上逐步落实其经济、技术、材料等物质需求，是将设计意图逐步转化成真实建筑的重要筹划阶段。

由于方案设计是建筑设计的最关键环节，方案设计得如何，将直接影响到其后工作的进行，甚至决定着整个设计的成败。而方案能力的提高，则需长期反复地训练。由于方案设计突出的作用以及高等院校的优势特点，建筑学专业所进行的建筑设计的训练更多地集中于方案设计，以便学生有较多的时间和机会接受由易到难、由简单到复杂的多课题、多类型的训练，其他部分的训练则主要通过以后的实践来完成。

二、建筑设计的特点

（一）创作性

所谓创作是与制作相对而言的。制作是指按照一定的操作技法，按部就班的制造过程，其特点是行为的可重复性和可模仿性，如建筑制图、工业产品制作等；而创作属于创新

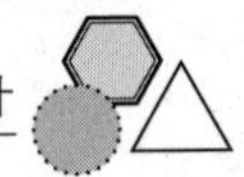

创造范畴，所依托的是主体丰富的想象力和灵活开放的思维方式，其目的是以不断的创新来完善和发展其工作对象的内在功能或外在形式，这是重复、模仿等制作行为所不能替代的。

建筑设计的创造性是人（设计者和使用者）及建筑（设计对象）的特点属性所共同要求的，一方面建筑师面对的是多种多样的建筑功能和千差万别的地段环境，必须表现出充分的灵活开放性才能够解决具体问题与矛盾；另一方面，人们对建筑形象和建筑环境有着多品质和多样性的要求，具有依赖建筑师的创新意识和创造力才能把属于纯物质层次的材料及设备转化成为具有一定象征意义和情趣格调的真正意义上的建筑。

建筑设计作为一种高尚的创作活动，它要求创作主体具有丰富的想象力和较高的审美能力、灵活开放的思维方式以及勇于克服困难挑战权威的决心与毅力。对初学者而言，创新意识与创作能力应该是其专业学习训练的目标。

（二）综合性

建筑设计是科学、哲学、艺术、历史以及文化等各方面的综合，它涉及结构、材料、经济、社会、文化、环境、行为、心理等众多学科内容。因此作为一名建筑师，不仅是建筑作品的主创者，更是各种现象与意见的协调者，由于涵盖层面的复杂性，建筑师除具备一定的专业知识外，还必须对相关学科有着相当的认识与把握才能胜任本职工作，才能投入自由的创作之中。

另外，建筑是由一个个结构系统、空间系统等构成的人类生活空间，如居住、商业、办公、学校、体育、表演、展览、纪念、交通建筑等。如此纷杂多样的功能需求（包括物质、精神两个方面），不可能通过有限的课程设计训练做到一一认识、理解并掌握。因此，学习到行之有效的方法、步骤和技巧就显得尤为重要。

（三）双重性

与其他学科相比较，思维方式的双重性是建筑设计思维活动的突出特点。建筑设计过程可以概括为分析研究—构思设计—分析选择—再构思设计……如此循环发展的过程，建筑师在每一个阶段（包括前期的条件、环境、经济分析研究和各阶段的优化分析选择）所运用的主要是分析概括、总结归纳、决策选择等基本的逻辑思维的方式，以此确立设计与选择的基础依据；而在各“构思设计”阶段，建筑师主要运用的则是形象思维，即借助于个人丰富的想象力和创造力把逻辑分析的结果发挥表达成为具体的建筑语言——三维乃至四维空间形态。因此，建筑设计的学习训练必须兼顾逻辑思维和形象思维两个方面，不可偏废。在建筑创作中如果弱化逻辑思维，建筑将缺少存在的合理性与可行性，成为名副其实的空中楼阁；反之，如果忽视了形象思维，建筑设计则丧失了创作的灵魂，最终得到的只是一具空洞乏味的躯壳。

（四）过程性

人们认识事物都需要一个由浅入深、循序渐进的过程。对于需要投入大量人力、物力和财力，关系到国计民生的建筑工程设计，更不可能是一时一日之功就能够做到的，它需要一个相当漫长的过程。需要科学、全面地分析调研，深入大胆地思考想象，需要不厌其烦地听取使用者的意见，需要在广泛论证的基础上优化选择方案，需要不断地推敲、修改、发展和完善。整个过程中的每一步都是互为因果、不可缺少的，只有如此，才能保障设计方案的科学性、合理性与可行性。

（五）社会性

尽管不同建筑师的作品都有着不同的风格特点，从中反映出建筑师个人的价值取向与审美爱好，并由此成为建筑个性的重要组成部分；尽管业主往往是以经济效益为建设的重要乃至唯一目的。但是，建筑从来都不是私人的收藏品，因为不管是私人住宅还是公共建筑，从它破土动工之日起就已具有广泛的社会性，它已成为城市空间环境的一部分，居民无论喜欢与否，都必须与之共处，它对居民的影响是客观存在和不可回避的。建筑的社会性要求建筑师必须综合平衡建筑的社会效益、经济效益与个性特点三者的关系，努力寻找一种科学、合理并可行的结合点，只有这样，才能创作出尊重环境、关怀人性的优秀作品。

（六）矛盾性

建筑设计实质上是矛盾冲突与矛盾解决的过程，而矛盾的自身发展规律又决定了设计过程所面临的诸多问题总是相互交织在一起，从前期的设计条件与环境，方案设计中的功能、结构与形式的矛盾，它们互为依存，互相转化，旧的设计矛盾解决了，新的设计问题又上升为主要矛盾，方案总是这样在反复修改中深化，在仔细推敲中得到完善。

第二节　建筑设计的一般过程

如果将建筑看成一个生命体，它的生命从诞生到拆除，以及废物再利用，需要经历数十年的时间和诸项繁杂的工作过程。图 5-1 为建筑的生命周期，建筑设计是建筑生命周期中短暂的一部分，一般包括设计分析、设计构思、方案实施三个阶段。

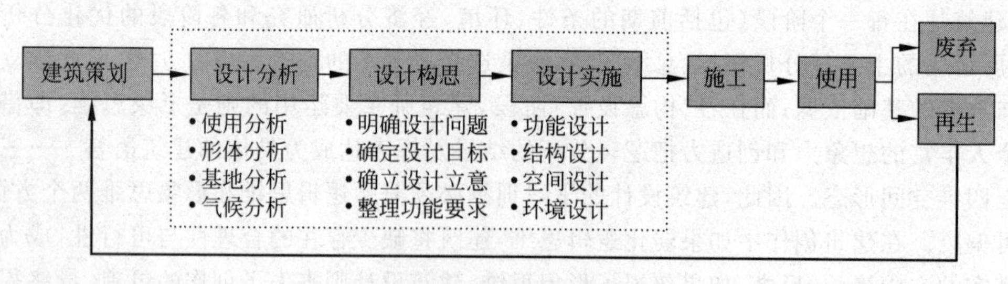

图 5-1　建筑生命周期

一、设计分析

设计分析阶段旨在明确建筑的各项要求和条件。每个设计项目既要尽量满足业主或使用者的要求，又同时受到环境条件的影响。通过对设计要求、环境条件的综合分析，探讨它们之间的相互关系，将所涉及的问题整理在统一的构思下，最终为方案构思设定基本条件。

业主的设计要求往往是以任务书形式出现，其中包含对使用功能的要求。设计分析阶段进行使用分析，首先应明确每个功能空间的使用需求，例如，卧室主要用于休息，应设计得封闭私密以保证安静，尺度应该适宜，采光不宜过强；客厅则用于起居，应设计得开敞通透，尺度应大一些，采光要好。此外，各功能房间的关系也应根据人的活动来安排，例如，居住建筑中餐厅和厨房应方便通达，展览建筑中展厅和库房宜直接相连。

环境条件对设计有制约和启发的双重作用。如气候条件能启发多样的地域特色(图 5-2)，地形条件也可促成丰富的空间形态(图 5-3)，施工条件带来多样的结构类型。

图 5-2 气候对建筑的影响

图 5-3 地形对建筑的影响

在设计分析阶段应对环境条件进行综合分析(图 5-4)，气候条件是冷是热，风向如何；地形特征有无山地、湖泊，以及周边建筑、道路交通状况；是否有历史、文化等人文方面的要求，任何环境条件的约束都可能成为方案设计的起点。

二、设计构思

基于前一阶段对业主要求和环境条件的分析，建造房屋所面临的各项问题便得以明确，接下来的工作就是将这些结果整理并做出具体的建筑形态，该工作环节就是“设计”。

一般来说方案设计包括“设计构思”和“设计实施”两个阶段，“设计构思”可以理解为对建筑整体框架、形态、空间提出方案，而“设计实施”是对具体细部的逐步深化。

图 5-5 是朗香教堂的构思草图。在这幅洒脱的草图中，明确地表达了建筑师一瞬间的灵感和思考。从构思草图到实际建筑施工，一直贯彻着建筑师的这些意图。图 5-6 是

西格勒住宅区的构思草图。下面针对设计构思，进行深层次地了解。

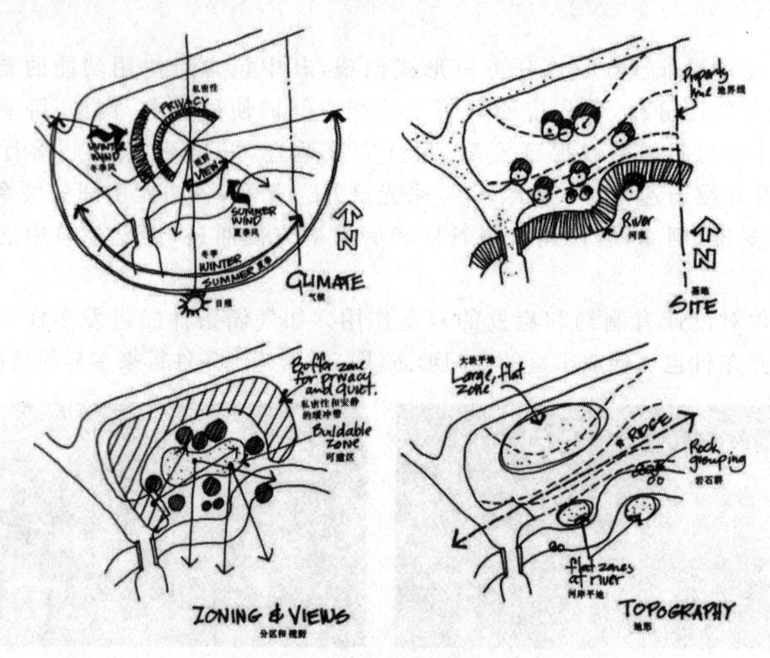

图 5-4　环境条件分析

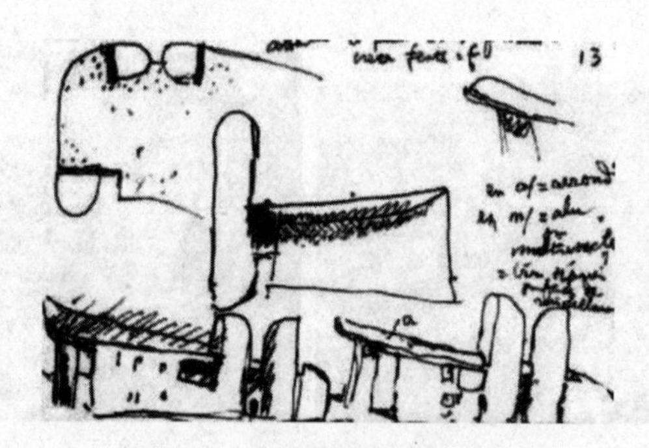

图 5-5　朗香教堂的构思草图

图 5-6　西格勒住宅区的构思草图

（一）构思的图形语言

建筑设计是一种形态的思考，每个阶段的设计进程均以某种图解形式记录下来。设计构思阶段高度抽象的思维必须用更快捷的、较随意的，并且可能有多种解释的图形语言来表达。

文字语言与图形语言的主要区别既在于所用的符号，又在于符号的使用方式。文字语言符号在很大程度上受到词汇的限制，而图形语言符号则不同，它既包括文字，又包括图像、标记和数字。另外文字语言是连续的，且有开端、发展和结尾，而图形语言则是同时的，可以直观地描述兼有同时性和复杂关联的问题。有明确意义的图形语言对建筑师思考和建筑师之间的交流都极其重要。

1. 词汇

与文字语言类似，图形语言的词汇大体上由名词、动词和修饰词（如形容词、副词和短语等）三部分构成，这里指的名词代表“本体”，动词代表本体之间的“相互关系”，修饰词描述“本体”及“相互关系”的性质和程度。

1）本体

本体的符号类型众多，图5-7为常见的基本符号。同一张图中可以采用多种基本符号，也可在其基础上通过添加数字、文字或其他符号的方法，形成不同的本体群组和清晰、丰富的信息。

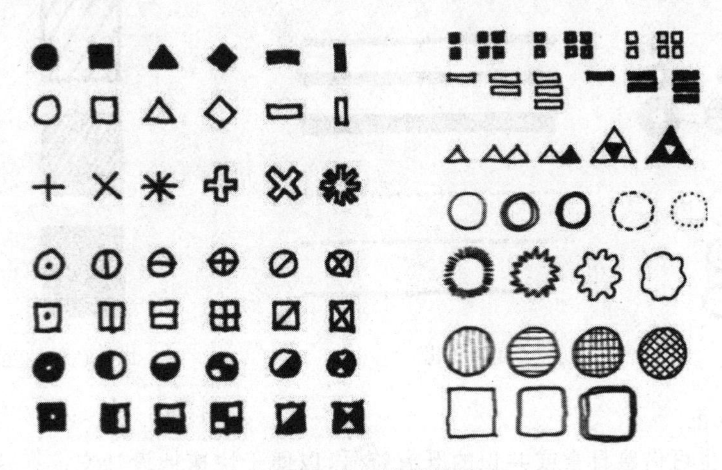

图5-7　常用本体符号

2）相互关系

本体间的相互关系可以用多种线条表示，图5-8为常见的表示相互关系的基本符号，这些线条既可以用来表示本体间的两两关系，也可以用于限定多个本体的类型。

添加箭头的线条可以指示本体之间的单向作用、顺序或者过程。重叠的箭头则可凸显重要性，显示依赖关系，或者理解附加信息的馈入。

3）修饰

各个本体和相互关系的性质和程度可以通过修饰进而分级，不同等级可用线条的粗

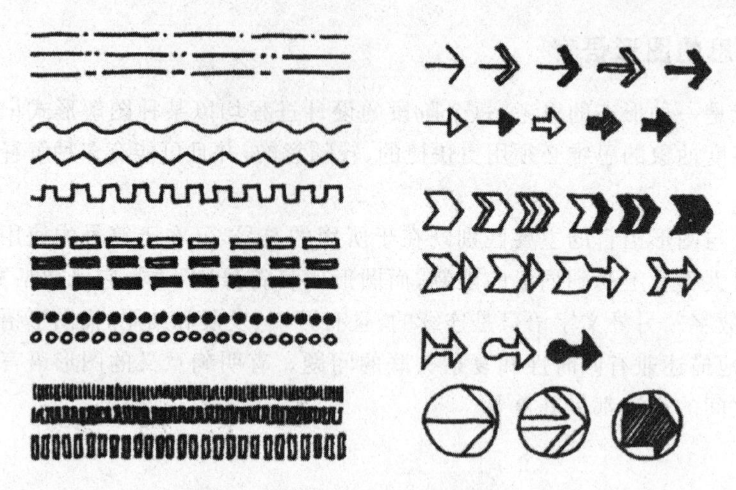

图 5-8 相互关系符号

细、多重线条或者虚线表示(图 5-9),明暗的强弱、图形的尺寸、轮廓和细部也是常用的分级方式(图 5-10)。

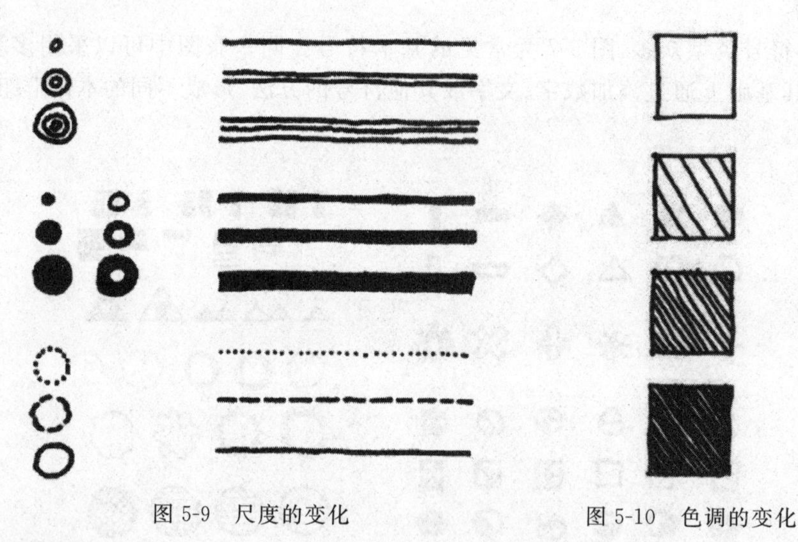

图 5-9 尺度的变化　　　　图 5-10 色调的变化

4) 其他词汇

图形语言也可借鉴日常或共识的既有符号,以便于快速地设计交流。这类符号大多具有普遍可识性,最常见的符号出自数学、工程学和制图学(图 5-11)。

2. 语法

所谓语法,在建筑设计中,主要是对设计思维的图形化展现。

1) 气泡图

图 5-12 为某住宅设计在功能分析中使用的气泡图。本体用圆圈表示,相互关系用直线或曲线表示,修饰则表现为线型的粗细、圆圈的大小以及表面的阴影,粗线表示重要的关系,大圆表示空间的大小,圆中有阴影表示特殊空间。从该图至少可以解读出以下信息。

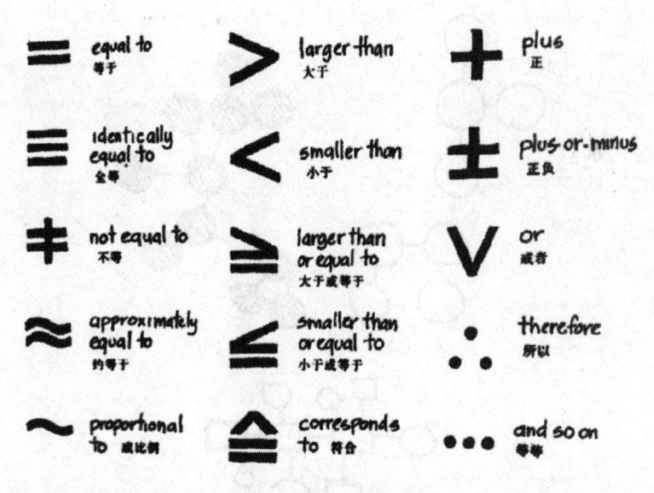

图 5-11 数学语言符号

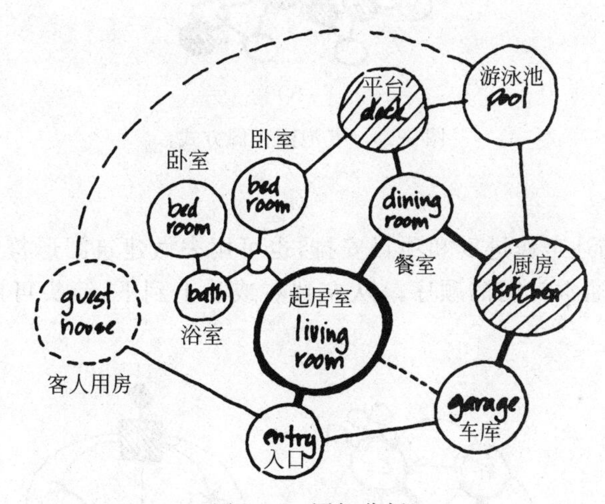

图 5-12 图解分析

(1) 起居室为主要用房,面积较大,且与入口直接相连。

(2) 从起居室应该能方便地到达餐厅和卧室。

(3) 餐厅一定要与厨房、平台等特殊空间相连。

(4) 将来可能加建的客房要与入口联系方便,并且直通游泳池。

另外,气泡图还有其他三种常用的作图方式(图 5-13)。首先是位置(图 5-13(a)),本体之间的位置采用网格表示,位置的左右及上下关系暗示设计师意图;其次是距离(图 5-13(b)),本体之间关系的主次和疏密用彼此间的距离来表示;最后是类型(图 5-13(c)),本体可依据色彩或形状等特征进行分组,形成组群。

值得注意的是,人的大脑对信息处理的数量有局限性,最多可同时处理六七个相互独立的信息,超过此数就会容易混淆和遗忘,所以图形语言的语法不宜过于复杂,且要保持一致,才能让图形规律一目了然,交流信息清晰易懂。

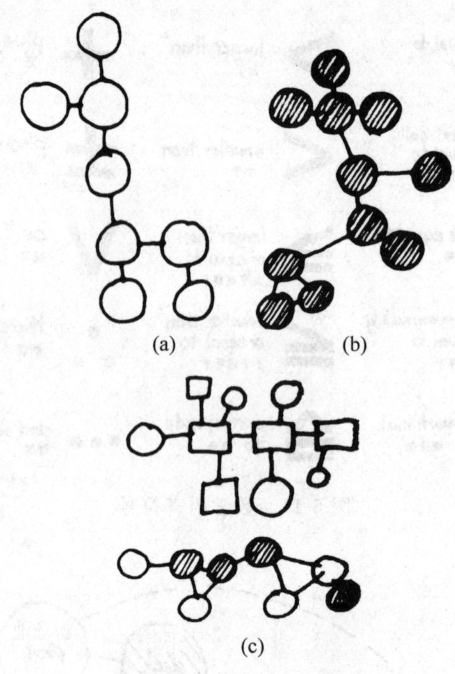

图 5-13 气泡图作图方式

2）网络图

网络图多用于描述工作进度和项目安排，也可用来做建筑图形符号。网络图语法的基础是时间和顺序，通常时间的顺序是从左到右或从上到下，箭头可以更明确地表达顺序，如图 5-14 所示。

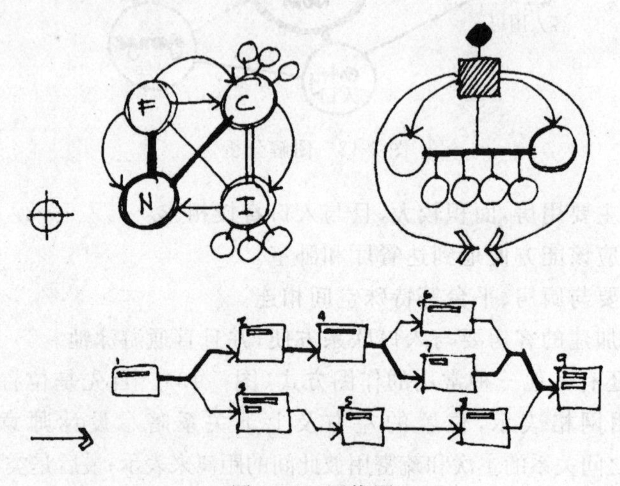

图 5-14 网络图

3）矩阵图

矩阵图引入行和列，在行与列之间用图形符号表达元素间的关系，其优点在于图面整齐清晰。在设计构思阶段，可在矩阵图的正交轴线上排列出任务书要求的全部功能，分类表示出每一功能与其他功能间的相互关系(图 5-15)。

图 5-16 为住宅功能分析中使用的矩阵图。图中包含了以下信息：对家庭人员和客人来说，厨房与各用房的相互联系较密切。相反，卧室应相对独立且彼此隔离。对于较复杂的公共建筑，矩阵图不仅便于记忆，更可以帮助建筑师调整思路，激发空间组织的新概念。

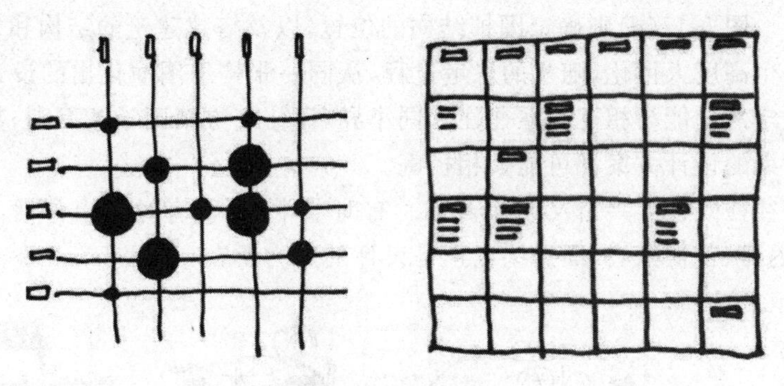

图 5-15　矩阵图形式

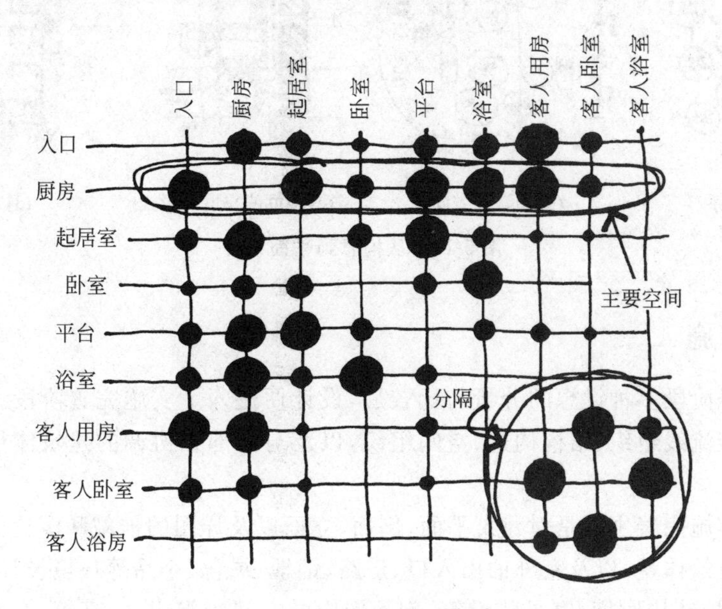

图 5-16　功能关系的矩阵图示

（二）从构思到方案

建筑设计的每个阶段均有相对应的图形语言。从构思到具体的方案设计，草图的图形语言需要逐步转化为建筑工程图，即建筑的总平面图、各层平面图、立面图和剖面图。

图 5-17 为住宅设计从功能构思到平面图设计的图形演化过程，其中图 5-17(a)为住宅功能的构思草图，该图标示出了各功能本体之间相互的关系，以及它们的等级。图 5-17(b)在前一张图的基础上，开始考虑太阳、自然景观等环境信息，以及功能用房的位置关系。

首先，确定住宅入口的位置，并将公共使用的房间布置在入口附近，私密的房间则要远离入口；其次，将生活用房，如起居室、餐厅、卧室，布置在朝阳处，对应的服务用房，如厨房、杂物阳台、浴室，朝阴布置；最后，确定花园与建筑的关系，后花园布置在服务用房一侧，前花园则布置在最南侧，为生活用房提供良好的景观视野。

图 5-17(c)反映出适应功能要求的空间尺度和形式，并综合考虑了人的流线以及走廊的宽度和距离。图 5-17(d)则确定围护结构的位置，以及搭建建筑的结构和构造。

设计是一个高度人性化、随机的思考过程，从同一张构思图演化出的设计方案也是多变的。正如住宅的功能与相互关系往往大同小异，而住宅方案则千差万别，甚至同一位建筑师在不同时期的设计方案都可能大相径庭。

设计过程往往既让人兴奋又叫人苦恼。有时非常清晰，有时相当含糊，有时快捷、得心应手，有时迟滞、苦恼揪心，而这些也正是设计的魅力所在。

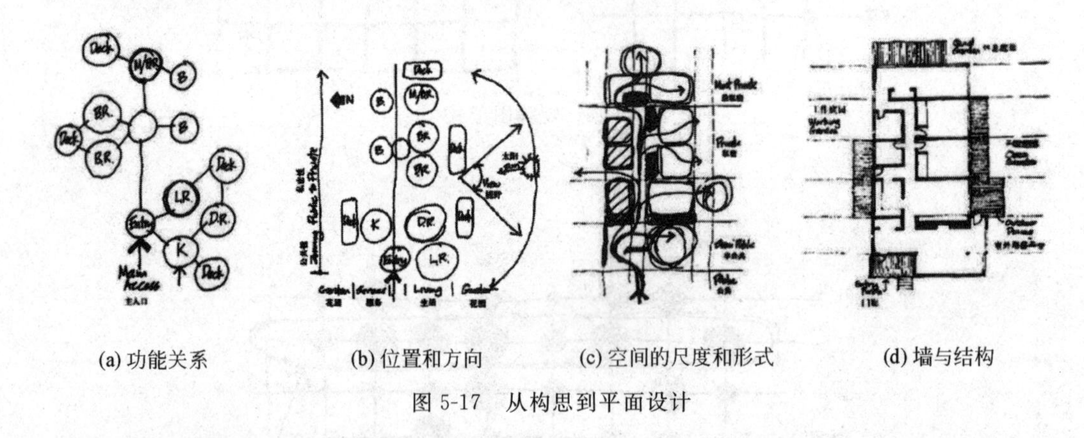

(a) 功能关系　　(b) 位置和方向　　(c) 空间的尺度和形式　　(d) 墙与结构

图 5-17　从构思到平面设计

三、设计实施

经过构思阶段多种设想的分析与比较后，设计便进入了实施完善阶段。需要确立合理的内部功能流线组织、结构构造、空间组织，以及与内部相协调的建筑体量关系和总体布局。

设计的实施完善主要是对建筑平面、剖面、立面以及详图的推敲和深化。具体内容包括总平面中建筑体量，以及室外的出入口、道路、铺地、绿化、小品等环境设计；平面图中的功能尺寸、围护结构厚度、家具陈设等；剖面图中的空间的组织、标高等；立面图中的墙面材质、门窗位置和虚实关系；详图中的结构与构造形式等。

设计实施过程需要经过细部深化与方案调整的多次反复，并最终通过绘制图纸、制作模型、制作多媒体动画等方式，将设计成果充分地展现出来。

第三节　人体尺度与建筑设计

一、人体活动尺度

人在建筑所形成的空间中活动，人体的各种活动尺度与建筑空间具有十分密切的关系，为了满足使用活动的需要，首先应该熟悉人体活动的一些基本尺度（图 5-18）。

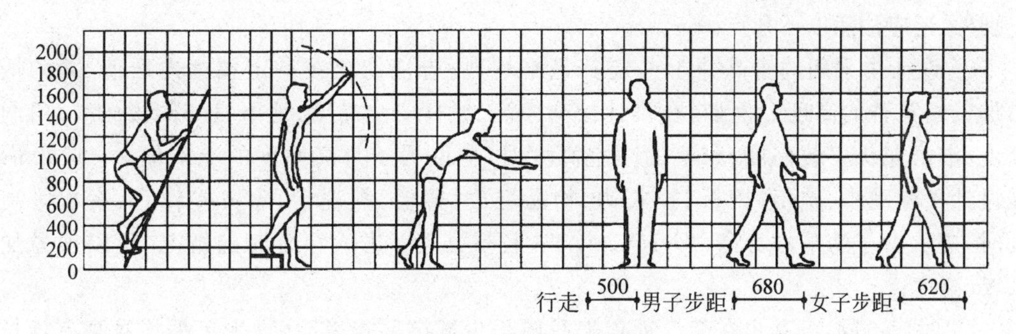

图 5-18　人体基本动作尺度（单位：mm）

（1）人体静态尺度。人体静态尺度主要是确定人在立、坐等情况下的基本尺度。据统计，我国成年人平均高度，男子为 167cm，女子为 156cm。各地区人体高度有差异，河北、山东、辽宁、山西、内蒙古、吉林、青海等地偏高，四川、云南、贵州及广西等地偏低，不同年龄人体高度也不相同（图 5-19 和图 5-20）。

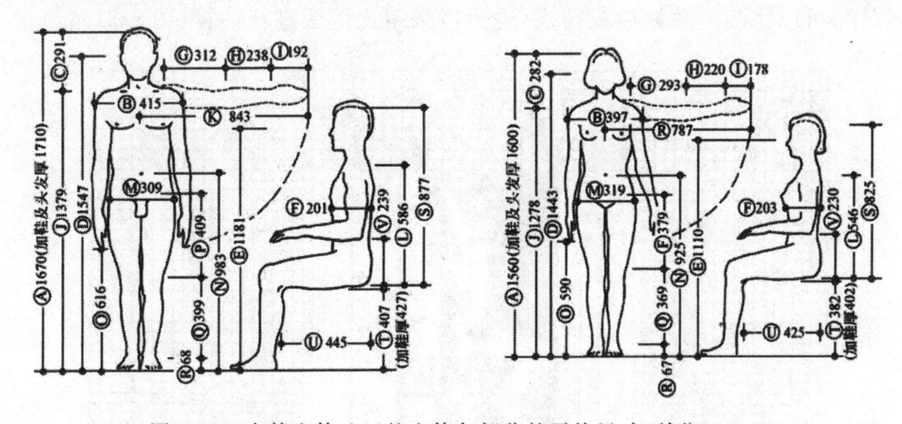

图 5-19　中等人体地区的人体各部分的平均尺寸（单位：mm）

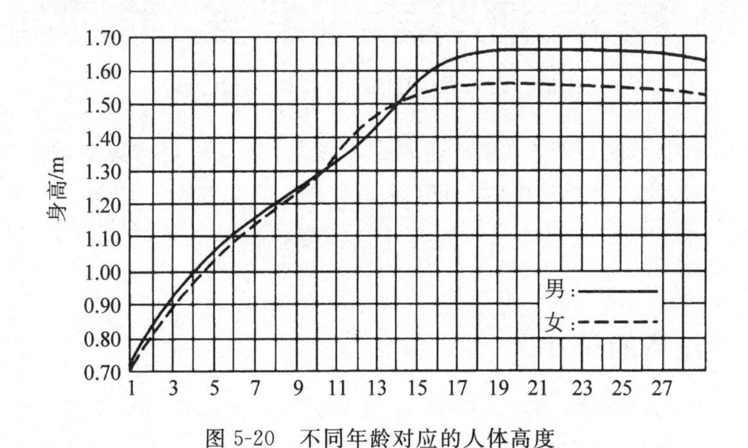

图 5-20　不同年龄对应的人体高度

建筑设计遵循"以人为本"的原则，由此在运用人体基本尺度时，除考虑地域、年龄等差别外，还应注意以下几点。

① 设计中采用的身高并不一定都是平均数，应视情况在一定幅度内取值，并酌情增加戴帽穿鞋的高度。例如，在设计楼梯净高、栏杆安全高度、地下室与阁楼净高、门洞高度、淋浴龙头安装高度、床上的净空高度时，应取男子身高幅度的上限值，即 174cm；在设计楼梯踏步、碗柜、搁板、挂衣钩、物品堆放、舞台、盥洗台、家务操作台、案板等高度时，应取女子的平均身高，即 156cm。以上参数应考虑人穿鞋时的情况，所以须另加 20cm 高度。

② 时代不同，身高也在变。近年来我国不少城市调查表明，青少年平均身高有增长趋势。所以在使用原有资料数据时应与现状调查结合起来。

③ 针对特殊的使用对象，人体尺度的选择也应作调整。例如，一般外国人和运动员的身高较高；老年人身高比成年人略低；乘轮椅的残疾人应将人与轮椅结合起来考虑其尺度。

(2) 人体动态尺度。人体在各种动态中的尺度与解剖学和生理机能有关。为了便于设计时选用，可以将测量数据制成图表，也可以采用比例法进行估算(图 5-21)。

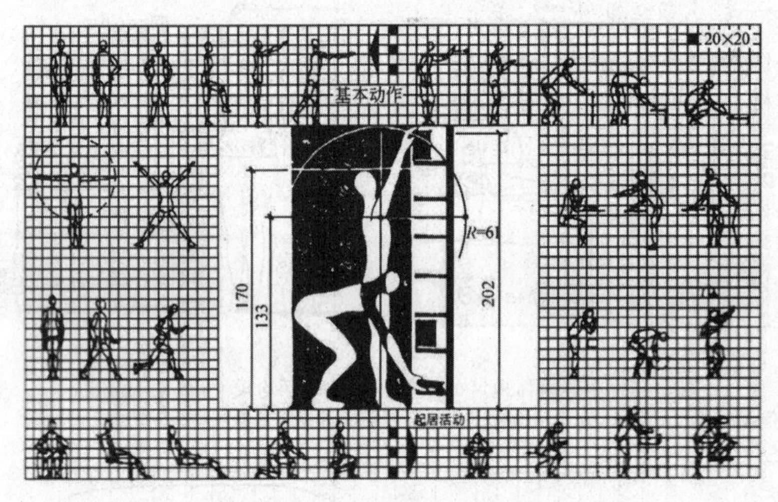

图 5-21 人体活动时的基本尺度(单位：cm)

人在社会活动中不仅要着衣，有时还要携带物品，并与一定的家具设备发生关系，因此，还应测量人在各种社会活动中的尺度(图 5-22)。

图 5-23 所示即为设计人员在设计过程中所需要把握的人体基本尺度，以及由此所确定的家具尺寸。

二、常用家具设备的尺寸

在建筑设计时，必然要考虑室内空间、家具陈设等与人体尺度的关系问题。为了方便建筑设计，这里介绍一些常用的尺寸数据(表 5-1～表 5-4、图 5-24)。

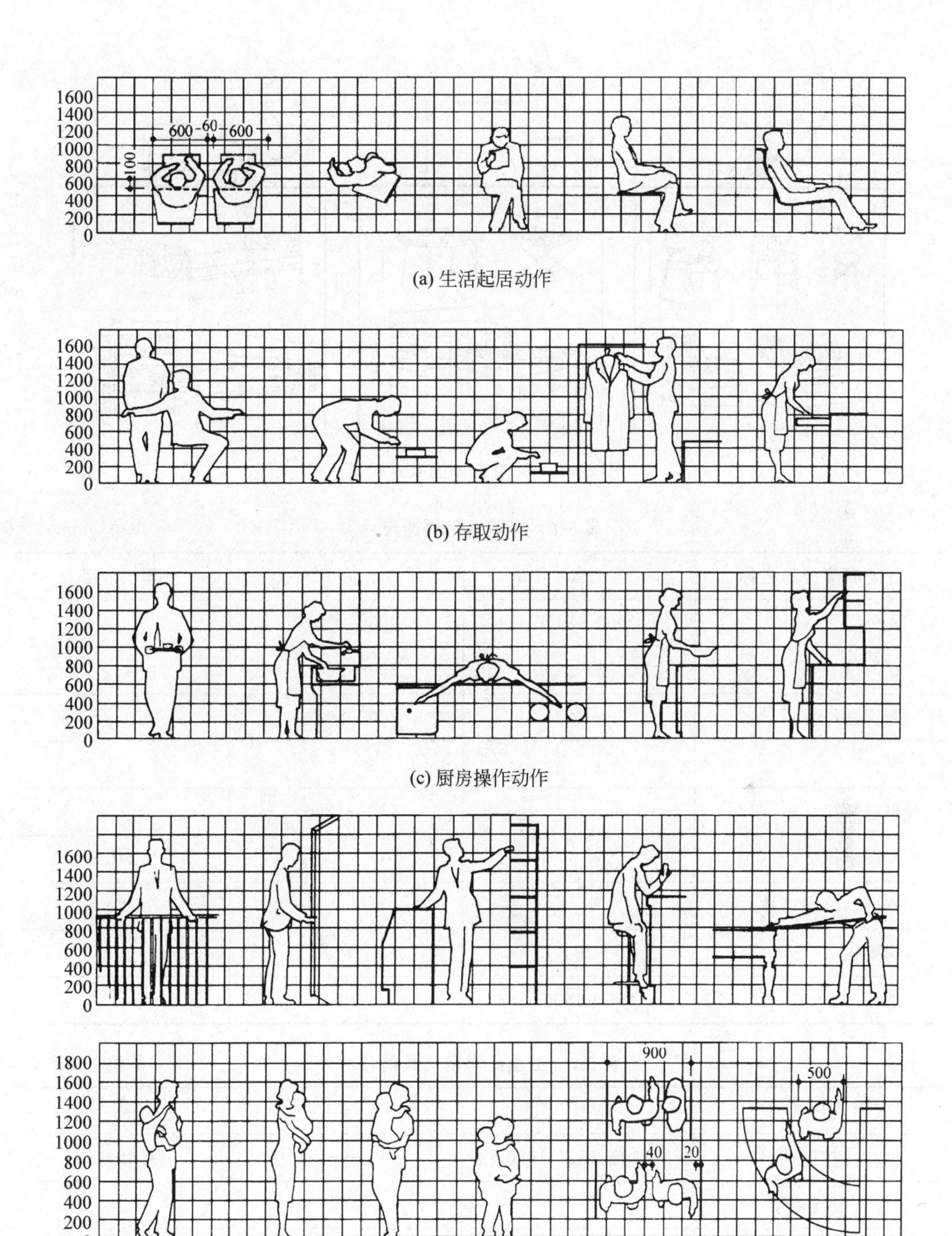

(a) 生活起居动作

(b) 存取动作

(c) 厨房操作动作

(d) 其他动作

图 5-22　人在各种社会活动中的尺度(单位：mm)

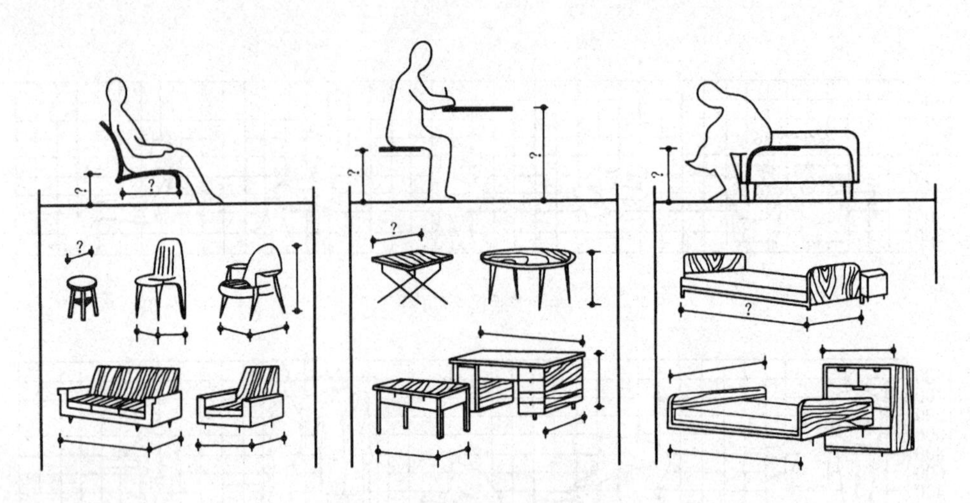

图 5-23 常用家具的基本尺寸

表 5-1 房屋常用构造尺寸 单位：mm

各组成部分的名称	高	宽	厚 度
入户门	2000～2400	900～1000	
室内门	2000～2100	800～900	
厕所、厨房门	800～1000	700～800	
窗台			
单扇窗户		400～1200	
支撑墙体			240
室内隔墙段墙体			120
踢脚板	80～200		
墙裙	800～1500		

表 5-2 卫生间常用洁具的尺寸 单位：mm

常用洁具的类型	长	宽	高
浴缸	1220、1520、1680	720	450
坐便器	750	350	
盥洗盆	550	410	
淋浴器			2100
化妆台	1350	450	

表 5-3　交通空间的尺寸　　单位：mm

各交通空间	净　高	各交通空间	净　高
楼梯间休息平台	≥2000	走廊净高	≥2000
楼梯梯段	≥2200	楼梯扶手高	850～1100
使用房间	≥2400		

表 5-4　常用家具的尺寸　　单位：mm

常用家具		基本尺寸				
		长	宽	高	深	背靠高度
床		1900～2000	900～1800			850～950
床头柜			500～800	500～700	450	
衣柜			800～1200	1600～2000	500	
单人沙发		800	600～800	350～400		1000
茶几	前置型	900	400	400		
	中心型	700～900	700～900	400		
	左右型	600	400	400		
办公桌		1200～1600	500～650	700～800		
办公椅		400～450	450	450		
书柜		1800	1200～1500	350～500		
书架		1800	1000～1300	350～450		

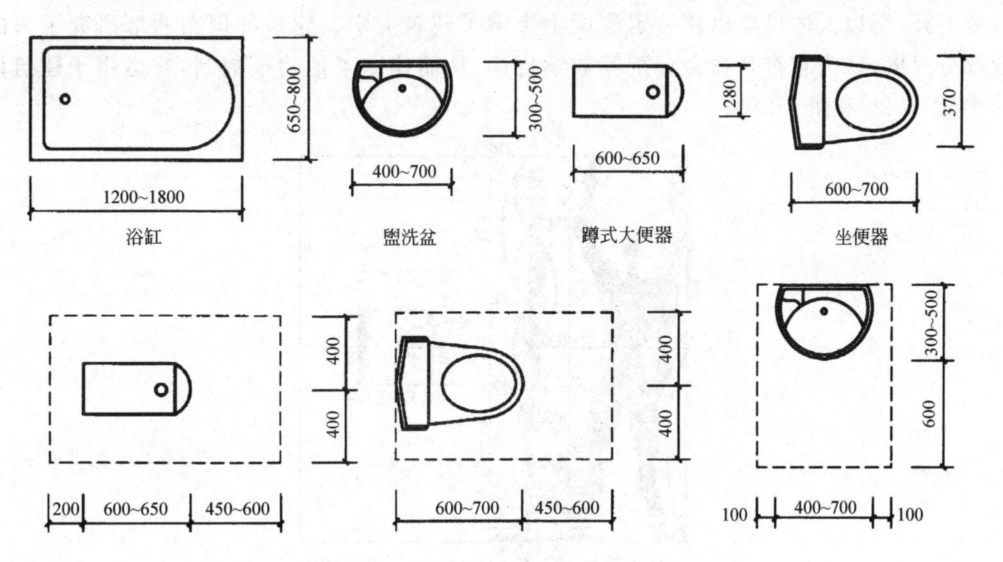

图 5-24　常用洁具的尺寸(单位：mm)

三、人体尺度对建筑设计的影响

人体尺度为建筑设计提供了大量的科学依据，并使建筑的空间环境设计进一步精确化，比较突出的有以下四个方面。

(1) 根据人体尺度对家具进行科学分类，并合理确定家具的各部分尺寸，使其既具有实用性，又能节省材料(图 5-25)。

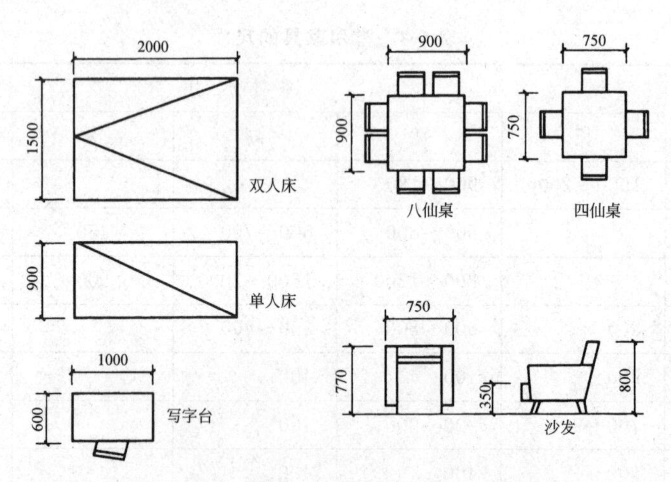

图 5-25　常用家具的尺寸(单位：mm)

(2) 人体尺度、动作范围的精密测定，为确定室内空间尺度、室内家具设备布置提供了定量依据，增强了室内空间设计的科学性。

(3) 室内环境要素参数的测定，有利于合理地选择建筑设备和确定房屋的构造做法。

(4) 由于建筑艺术要求功能与形式的统一，建筑空间环境引起的美感常常和实用舒适分不开，所以人体尺度也在一定程度上影响了建筑美学。建筑师柯布西耶研究了人的各部分尺度，认为它符合黄金分割等数学规律，从而建立了他的模数制，并运用于建筑设计中(图 5-26 和图 5-27)。

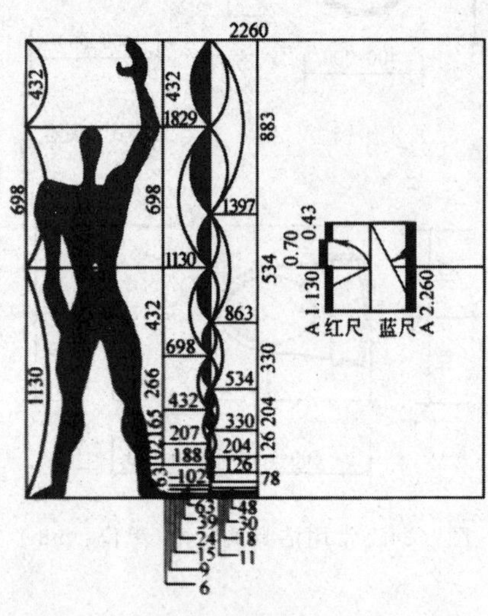

图 5-26　柯布西耶模数尺(单位：mm)

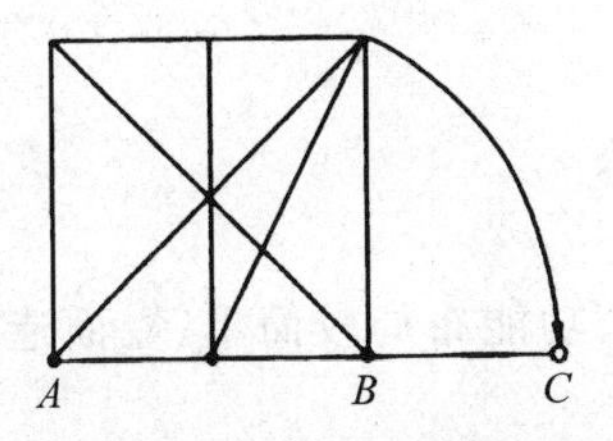

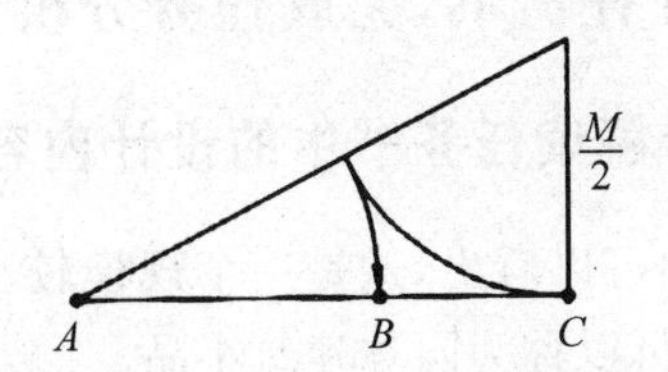

黄金分割几何求法，先延长，后割切。

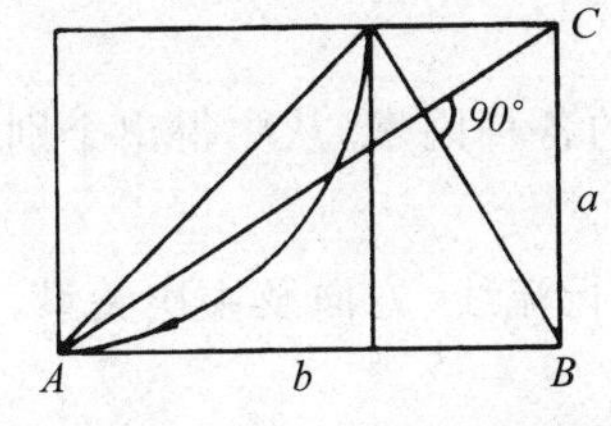

图 5-27 黄金比

第四节 小建筑设计

根据前面的介绍与说明，初学者对方案设计的几个重要方面有了一定的认识和了解，但这种认识和了解仅仅停留在文字表面和部分片段上，对如何完成一项完整的方案设计没有一个过程的训练，那么在本节将通过一个小建筑设计将方案设计的全过程展现给大家。

小建筑设计任务书

设计名称：公园餐饮店

设计要求：结合地形条件和周围环境，为人们提供良好的就餐环境，功能布局合理，立面造型别致(此地形为城市公园一角，如图 5-28 所示)。

设计内容：建筑面积为 $40m^2$，面积上下浮动 $5m^2$，主要内容有饮食间、备餐间、外卖窗口和收银台。

设计成果：总平面图为 1∶100，平面图为 1∶50，立面图为 1∶50，剖面图为 1∶50，用透视图。

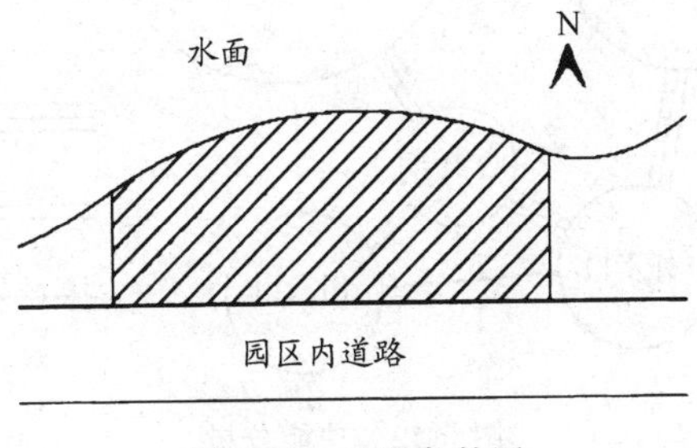

图 5-28 地形条件图

一、解读设计任务书，完成任务分析

（一）充分解读任务书中的设计内容

从任务书中可以看出，这是一个规模较小、功能布局较简单、立面造型紧密结合环境的餐饮店，或者可以称为园林建筑小品。

（二）外部条件分析

外部条件分析是由外向内分析制约设计的各种因素，从中得出个别条件因素对展开设计产生的影响。

(1) 根据所给定的道路情况分析车行和人行流线、方向及主次关系，为场地设计确定出入口找到依据。

(2) 根据地形条件分析，特别是用地范围内有水面时，要着重分析利弊关系，以及如何利用水面，回避不利的因素，做到建筑与环境的融合。

(3) 根据朝向和景观条件分析，对于建筑所处的位置是否对公园的景观和视线产生影响，是否存在不和谐甚至相悖的因素在里面。

(4) 根据北方地区气候特点及当地的建筑特点、建筑风格和建筑材料等进行分析，以便为设计的平面布局、风格特点、建筑色彩和材料提供重要依据。

（三）内部条件分析

内部条件分析是由内向外分析制约设计的各种因素，即从设计任务书规定的各项设计内容进行功能和空间形式的分析，作为设计的走向。

内部条件分析最重要的是功能分析。确定设计内容的功能配置关系，饮食间与备餐间的关系，备餐间与外卖口间的关系，外卖口与建筑出口的关系，饮食间与收银台的关系(图 5-29)。

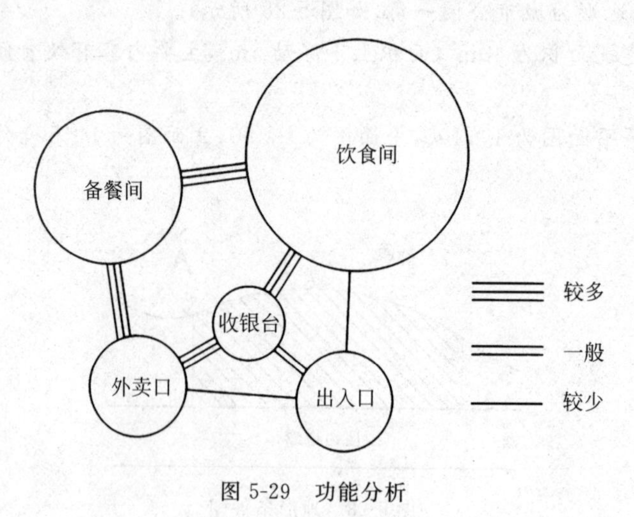

图 5-29　功能分析

二、进行方案的立意、构思和比较，形成初步方案

（一）立意构思

从条件分析可以看出，此设计可以划归为园林建筑或城市小品之列，创作思路是相当宽阔的，关键是抓住什么来立意构思。无疑餐饮店是建筑小品设计的主要意图，从环境和小品的关系去探寻构思的渠道，将小品放入环境中完全可以起到点缀城市景观的作用，这样才能展开设计的脉络。

（二）场地设计

通过解读任务书、条件分析以及立意构思这一系列步骤，就可以进入方案设计阶段，方案设计的起步是场地设计。任何一个设计都有特定的地形条件，因此场地设计是进行方案设计的前提条件。

场地设计包含出入口选择和场地规划。

1. 出入口选择

出入口是外部空间进入场地的通道，位置的选择事关方案设计的走向。设计任务书所给定的地形是公园湖的堤岸处，一侧为主要的对外通道，所有的人流和车流均沿着这条道路流动，因此餐饮店场地的入口应迎合这一条唯一的陆地通道，开向道路，体现场地入口选择的目的性。

2. 场地规划

在进行方案设计之前就从整体的角度出发，结合给定的地形条件，考虑餐饮店在场地的位置及大小关系。因此餐饮店位置选择在湖岸边，并充分结合水面探入水中，达到与环境的完美结合（图 5-30）。

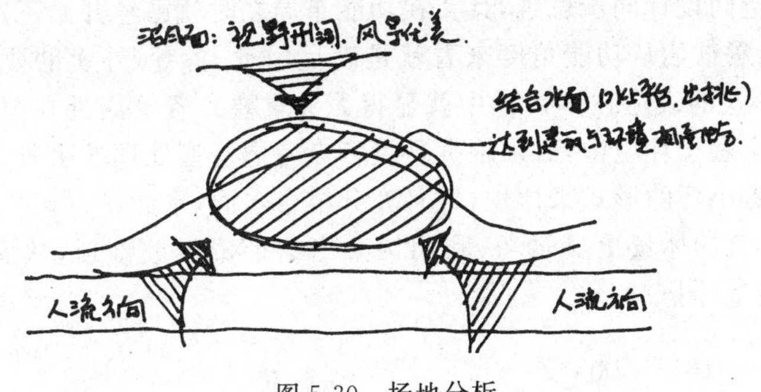

图 5-30　场地分析

（三）功能布局

经过场地设计确定了餐饮店的位置，下一步就进入了建筑方案的实质性创作阶段，按正常的设计步骤从平面设计开始，确切地说就是从功能布局的思考开始的。这时就是从先前的内部条件分析中找出餐饮店各部分内容的功能关系和空间关系。餐饮店的出口面

向场地的出入口，外卖口紧邻出口，也面向场地出入口，饮食间是餐饮店的最重要部分，因此位置选择在景观和朝向最好的临湖一侧，那么收银台和饮食间联系紧密，并考虑用餐者用餐、买单、出门的流线关系，位置选择在靠近出口处，备餐间既要考虑饮食间又要兼顾外卖口，因此位置选择在两者之间(图 5-31 和图 5-32)。

图 5-31　平面功能关系

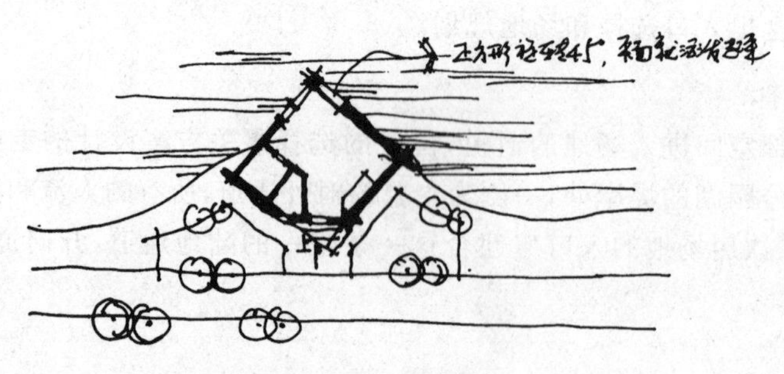

图 5-32　平面草图

（四）立面造型

平面设计与空间设计同步思维，其实在功能布局之时就已经开始了，主要反映在功能与形式的关系上，餐饮店从功能角度来看就是满足用餐、备餐、外卖的要求以及它们之间的相互关系，而形式的表达在本设计中就显得尤为重要。餐饮店处在公园内，紧邻湖边，要想使餐饮店完全融于环境中，必须根据环境特点考虑造型处理的手段，餐饮店必须按照园林建筑小品轻盈小巧的形式来体现，并且充分结合水面，平面是将正方形旋转 45°，将一角伸向水面，使建筑的体量更显轻巧，利用构架出檐形成四坡锥顶，从而创造出亲切、自然、宜人的立面造型(图 5-33)。

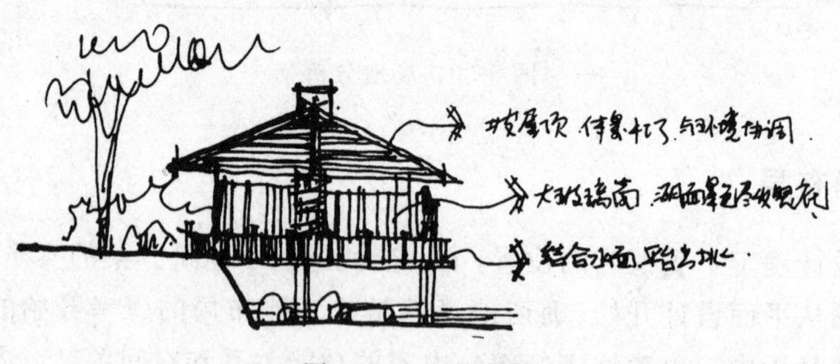

图 5-33　立面草图

三、确定方案

经过方案的立意、构思和形成初步方案后，接下来的工作就是对形成的初步方案进行功能、剖面、指标和形体的修改与调整，最后确定一个最合理、有潜力的方案。

（一）平面

根据任务书对建筑面积的要求，以及建筑资料集对餐饮店各项指标的要求，按照一定的比例关系确定房间的平面形状、尺度、房间高度、门窗大小、位置、数量、开启方向等，以及交通空间的联系与组织（图 5-34 和图 5-35）。

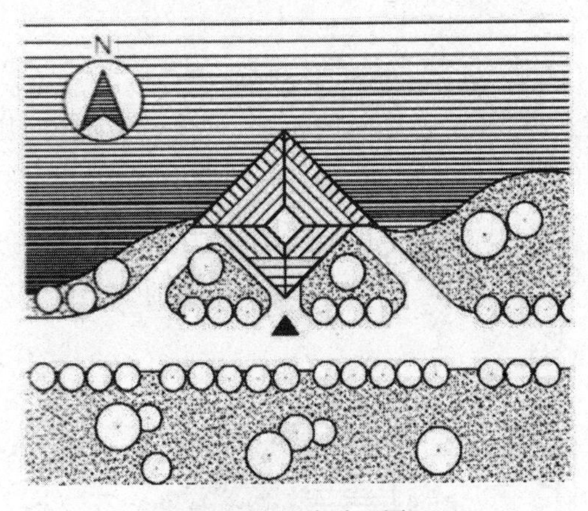

图 5-34 总平面图

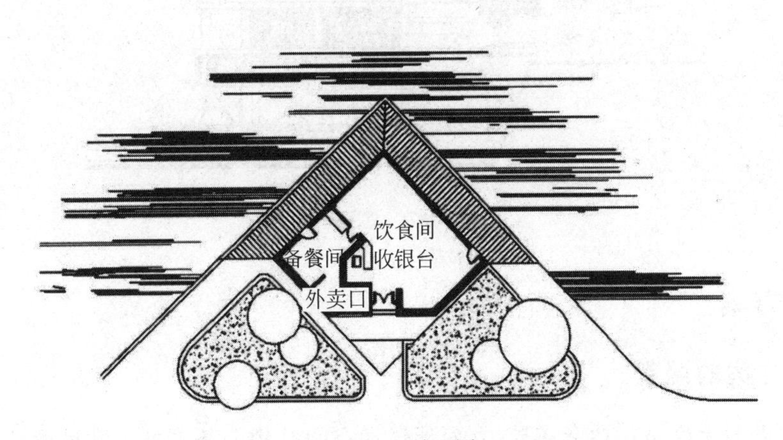

图 5-35 平面图

（二）剖面

确定合理的竖向高度尺寸，主要是确定餐饮店层高、室内外高差、体形宽高尺寸。屋面形式与尺寸及立面轮廓尺寸等。确定建筑的结构和构造形式、做法和尺寸等。通过剖面对探入水面的部分进行处理和利用（图 5-36）。

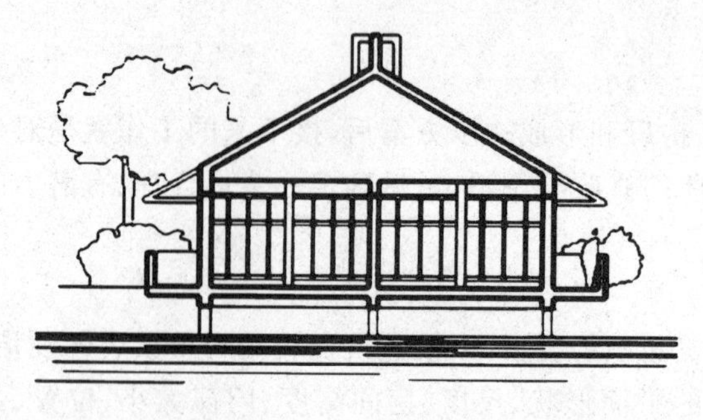

图 5-36　剖面图

（三）形体

在初步方案的基础上，对餐饮店立面的轮廓、尺度、各部分的比例关系、虚实关系、材质色彩等方面进行详细的处理和研究，来充分体现所追求的立面意图和效果（图 5-37）。

图 5-37　立面图

四、完善方案

（一）方案的调整

此时的方案无论是在功能布局、立面形体和空间结构上基本可以满足设计要求，所以对它的调整应控制在适度的范围内，只限于对个别问题进行局部的修改与补充，力求不影响或改变原有方案的整体布局和基本构思，并能进一步提升方案已有的优势水平。

（二）方案的深入

调整后的方案还需要一个从粗略到细致刻画、从模糊到明确落实、从概念到具体量化的进一步深化的过程。

首先是放大图纸的比例关系，对于餐饮店这样的小设计可以放大到 1∶50 甚至 1∶30。

在此比例上，首先应明确并量化其相关体系，构件的位置、形状、大小及其相互关系，包括结构形式、建筑轴线尺寸、建筑内外高度、墙及柱宽度、屋顶结构及构造形式、门窗位置及大小、室内外高度、家具的布置与尺寸、台阶踏步、道路宽度以及室外平台大小等具体内容，并将其准确无误地反映到平面图、立面图、剖面图及总平面图中来。

其次是统计并核对方案设计的技术经济指标，以及建筑面积、容积率、绿化率等，如果发现指标不符合规定要求，须对方案进行相应调整。

最后是分别对平面图、立面图、剖面图及总平面图进行更加深入、细致地推敲刻画。具体内容应包括总平面图设计中的室外铺地、绿化组织、室外小品与陈设，平面图设计中的家具造型、室内陈设与室内铺地，立面图设计中的墙面、门窗的划分形式、材料质感及色彩光影等。

五、设计成果

设计成果包括总平面图、平面图、剖面图、立面图，以及透视图(图 5-38)。

图 5-38　透视图

第六章

建筑空间

第一节　建筑空间概述

一、空间的概念

公元前6世纪，老子在《道德经》里说："埏埴以为器，当其无，有器之用。凿户牖以为室，当其无，有室之用。故有之以为利，无之以为用。"意思是糅合陶土做成器具，有了器皿中空的地方，才有器皿的作用。开凿门窗建造房屋，有了门窗四壁中空的地方，才有房屋的作用。所以"有"给人便利，"无"发挥了它的作用，如图6-1所示。这句话形象地反映了人类对空间的理解。

图6-1　器皿

空间这个概念有着相对和绝对的两重性，这个空间的大小、形状被其围护物和其自身应具有的功能形式所决定，同时该空间也决定着围护物的形式。"有形"的围护物使"无形"的空间成为有形，离开了围护物，空间就成为概念中的"空间"，不可被感知；"无形"的空间赋予"有形"的围护物以实际的意义，没有空间的存在，那围护物也就失去了存在的价值。我们对空间的感知必须借助我们对于形态要素所限定的空间界限的感知，只有当空间开始被形态要素所围合、塑造和组织的时候，建筑才会产生。

二、建筑空间的概念

国际建筑师年会利马会议的《马丘比丘宪章》明确指出"近代建筑的主要问题已不再是纯体积的视觉表现，而是创造人们能生活的内部空间"，提出现代建筑设计的重点乃是处理内部空间。"建筑内部空间是建筑的灵魂"，建筑的本质就是空间与结构的有机统一。人们利用各种材料建造各种建筑，但真正使用的是建筑的内部空间。因此，室内空间较之建筑外形具有更重大的意义。随着人类社会的发展，人们对建筑本质认识的深入，而日益将室内空间提升到一个非常重要的地位。

三、建筑空间的特点

建筑空间不同于绘画、雕塑、装饰艺术等的空间感。绘画中的空间感是通过控制线性透视的效果的强弱和画面纵深度来表现，是用三维的方法去展现三维空间，如图 6-2 所示。雕塑中的空间强调的是占用空间，是“量块感”，空隙的形态，如图 6-3 所示。建筑的空间强调的是“流动感”，是人与空间的结合，是空虚的形态，如图 6-4 所示。

图 6-2　绘画中的空间感

图 6-3　雕塑中的空间感

(a)

(b)

图 6-4 建筑中的空间感

四、建筑体量与空间关系

（一）共生关系

建筑体量与空间是建筑的重要特征，它们是一对共生关系，具有正负属性，如同图与底的反转关系。建筑体量是建筑物在空间上的体积，包括建筑的长度、宽度、高度。建筑体量是其内部空间构成的外部表象，是空间构成的结果。形态要素按照一定关系构成建筑空间的同时，构成了外部表现的实体。构成建筑内部空间形态的同时必然构成建筑的外部体量形态。因此，空间构成和体量构成是建筑形态构成研究的核心。无论是米兰大教堂哥特式的尖顶、佛罗伦萨主教堂的大穹顶，还是罗马大角斗场优美的环形拱廊，这些建筑内部空间与外部形态都是相对应的，如图 6-5～图 6-7 所示。

(a) 米兰大教堂外景

(b) 米兰大教堂内景

图 6-5 米兰大教堂

（二）建筑外部空间

外部空间是由人创造的有目的的外部环境，是比自然更有意义的空间。由建筑师所设想的这一外部空间概念，与造园师考虑的外部空间也许稍稍有些不同。因为这个空间是建筑的一部分，也可以说是“没有屋顶的建筑空间”。

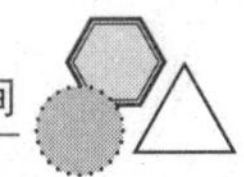

图 6-6 佛罗伦萨主教堂

图 6-7 罗马大角斗场

建筑形态要素在构成内部空间的同时，既决定了周围的空间形式，又被周围空间形式所决定。建筑外部空间是指建筑与周围环境、城市街道之间存在的空间，它是建筑与建筑、建筑与街道或城市之间的中间领域，是一个有秩序的人造环境。建筑体量之间的相互联系构成了建筑的外部空间形态对城市范围内的影响，如图 6-8 所示。

图 6-8　内外空间——上海陆家嘴

第二节　建筑空间构成方式

建筑空间与体量是相辅相成的，研究建筑空间构成方式时不能完全脱离建筑体量构成方式。与建筑体量构成单个基本形体的体形变换、两个基本形体之间的相互关系、多元形体的构成关系相对应，建筑空间构成分为单一建筑空间构成、二元建筑空间构成、多元建筑空间构成三种类型，如表 6-1 所示。

表 6-1　建筑空间与体量对应表

<table>
<tr><th colspan="3">建筑空间构成</th><th colspan="4">建筑体量构成</th></tr>
<tr><td rowspan="12">构成方式</td><td rowspan="3">单一建筑空间构成</td><td>空间形状</td><td>增加</td><td>拼镶</td><td rowspan="3">单个基本形体的体形变换</td><td rowspan="12">基本形体</td></tr>
<tr><td>空间比例</td><td>消减</td><td>倾斜</td></tr>
<tr><td>空间尺度</td><td>分裂</td><td>变异</td></tr>
<tr><td rowspan="4">二元建筑空间构成</td><td>连接</td><td colspan="2">连接</td><td rowspan="4">两个基本形体之间的相互关系</td></tr>
<tr><td>接触</td><td colspan="2">接触</td></tr>
<tr><td>包容</td><td colspan="2">包容</td></tr>
<tr><td>相交</td><td colspan="2">相交</td></tr>
<tr><td rowspan="5">多元建筑空间构成</td><td>集中式</td><td colspan="2">集中式</td><td rowspan="5">多元形体的构成关系</td></tr>
<tr><td>串联式</td><td colspan="2">串联式</td></tr>
<tr><td>放射式</td><td colspan="2">放射式</td></tr>
<tr><td>组团式</td><td colspan="2">组团式</td></tr>
<tr><td>其他式</td><td colspan="2">其他式</td></tr>
</table>

一、单一建筑空间构成

（一）空间形状

单一空间首先是按其形状被人们感知的。不同的单一空间体量给人以不同空间形状的感受。空间形状可以说是由其周围物体的边界所限定的，包括点、线、面、体等构成要素，同时具有形状、色彩、材质等视觉要素，以及位置、方向、重心等关系要素。空间形状是直接影响空间造型的重要因素。

（二）空间比例

空间形状与空间比例和尺度都是密切相关的，直接影响人对空间的感受。比例是指空间的各要素之间的数学关系，是整体和局部之间存在的关系。不同长、宽、高的空间给人不同的感受，一般而言，高耸的空间有向上的动势，给人以崇高和雄伟的感觉；纵长而狭窄的空间有向前的动势，给人以深远和前进的感觉；宽敞而低矮的空间有水平延伸的趋势，给人以开阔通畅的感觉，如图 6-9 所示。

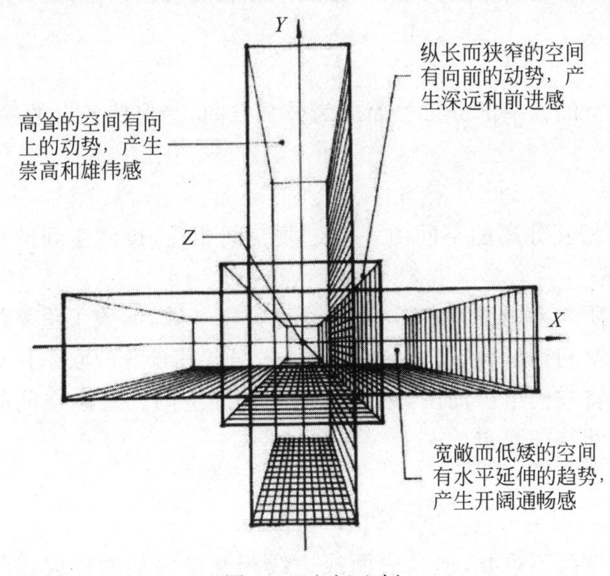

图 6-9　空间比例

（三）空间尺度

“比例”与“尺度”概念不完全一样。尺度是指人与室内空间的比例关系所产生的心理感受。不同尺度的划分可以产生不同的视觉效果和心理感受。就是长、宽、高比例相同的空间，与人体的尺度相比较，都会产生不同的心理感受。人体是一把基本标尺，与人体活动直接相关的部分，如门、台阶、栏杆、窗台、坐凳等，应该是真实可靠的，如图 6-10 所示。

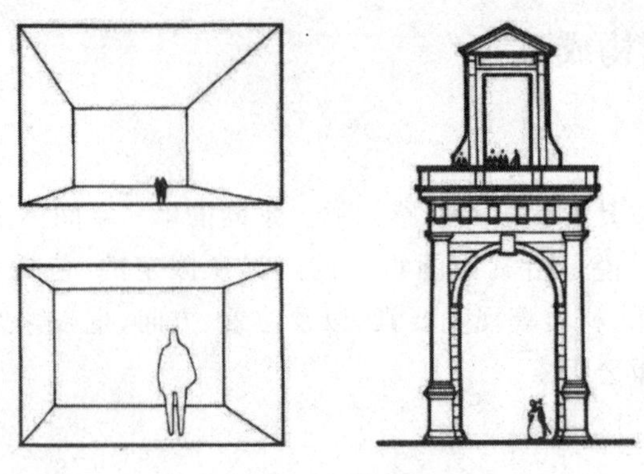

图 6-10　空间尺度

二、二元建筑空间构成

（一）包容

包容是指大空间中包含小空间，两个空间产生视觉与空间上的连续性。

（二）相交

相交是指两个空间的一部分重叠而成为公共空间，并保持各自的界限和完整。

（三）连接

连接是指两个相互分离的空间由一个过渡空间相连，过渡空间的特征对于空间的构成关系有决定作用。

过渡空间与它所联系的空间在形状、尺寸上完全一致，形成了重复的空间系列。过渡空间与它所联系的空间在形状、尺寸上完全不同，强调其自身的联系作用。过渡空间大于它所联系的空间并将它们组织周围，形成整体的主导空间。过渡空间的形式和特征完全根据它所联系的空间特征而定。

（四）接触

接触是指两个空间不重叠，但是表面或边线相互接触从而构成建筑空间。两个空间之间的视觉与空间联系程度取决于分割要素的特点。

靠实体分割，各个空间独立性强，分割面上开洞程度影响空间感；在单一空间里设置独立分割面。两个空间隔而不断。用线状柱子排列分割，空间有很强的视觉和空间连续性与通透性。以地面标高、顶棚高度或墙面的不同处理构成一个有区别而又相连续的空间，如图 6-11 所示。

三、多元建筑空间构成

（一）集中式

集中式是以一个主要空间为主导，次要空间的功能、尺寸可以完全相同，形成双向对称

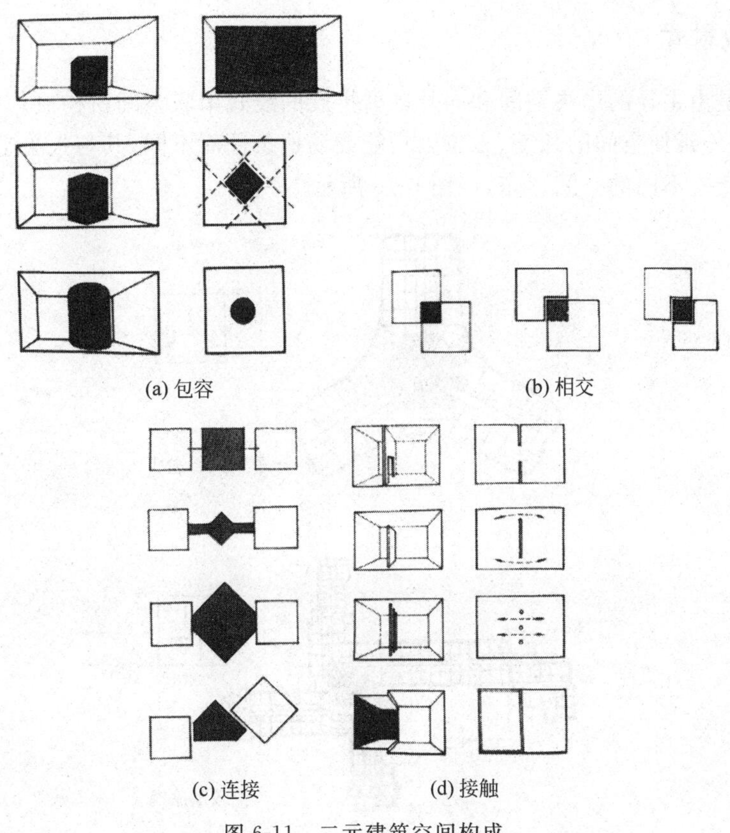

图 6-11　二元建筑空间构成

的空间构成；两大空间相互套叠后构成对称集中空间；或者一定数量的次要空间围绕一个大的主导空间，主入口可根据环境条件在任何一个次要空间处。中央主导空间一般是规则式，体量较大，统率次要空间，也可以以其形态的特异突出其主导地位，如图 6-12 所示。

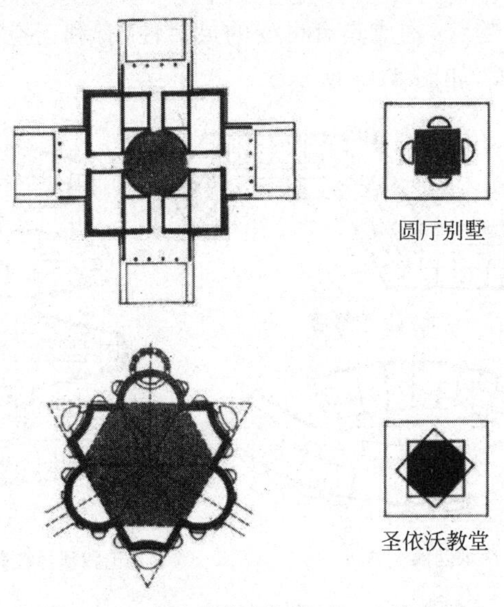

图 6-12　多元建筑空间构成——集中式

（二）放射式

放射式是由主导的中央空间和向外辐射扩展的线式串联空间所构成。中央空间一般为规则式，向外延伸空间的长度、方位因功能或场地条件而不同，其与中央空间的位置、方向的变化而产生不同的空间形态，如图 6-13 所示。

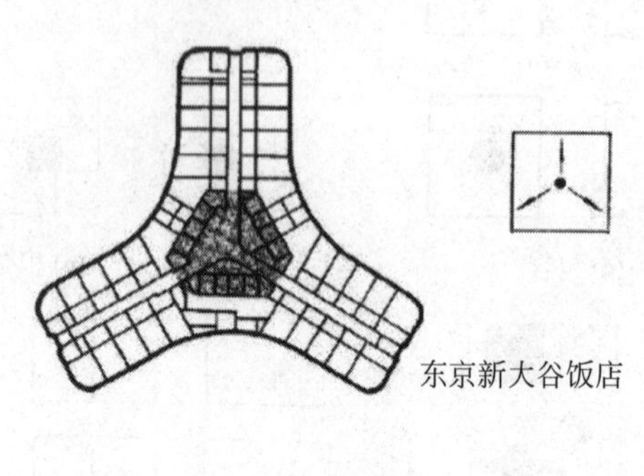

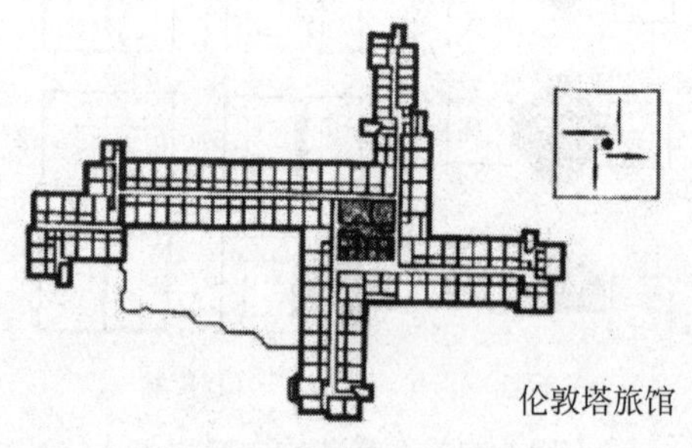

图 6-13　多元建筑空间构成——放射式

（三）串联式

串联式是由若干单体空间按照一定方向相连接构成的空间系列，具有明显的方向性，并具有运输延伸、增长的趋势，构成具有可变的灵活性，有利于空间的发展，按照构成方式不同分为不同的串联形式，如图 6-14 所示。

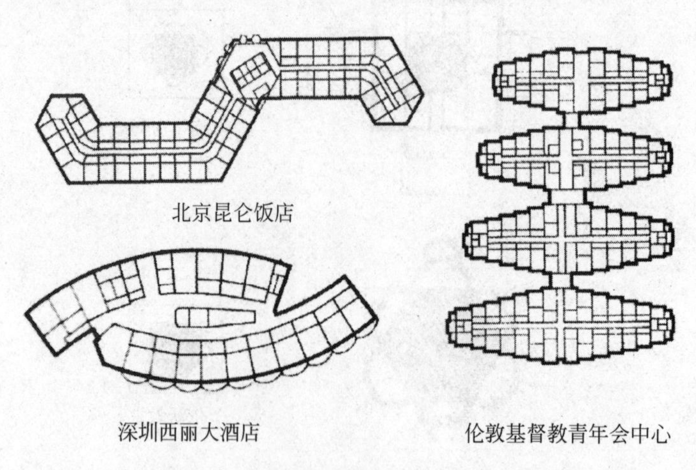

图 6-14　多元建筑空间构成——串联式

（四）组团式

组团式是将功能上类似的空间单元按照形状、大小或相互关系方面的共同视觉特征，构成相对集中的建筑空间，也可将形状、功能不同的空间通过紧密连接和诸如轴线等视觉上一些手段构成组团。组团式具有连接紧凑、灵活多变、易于增减和变化组成单元而不影响其构成的特点，如图 6-15 所示。

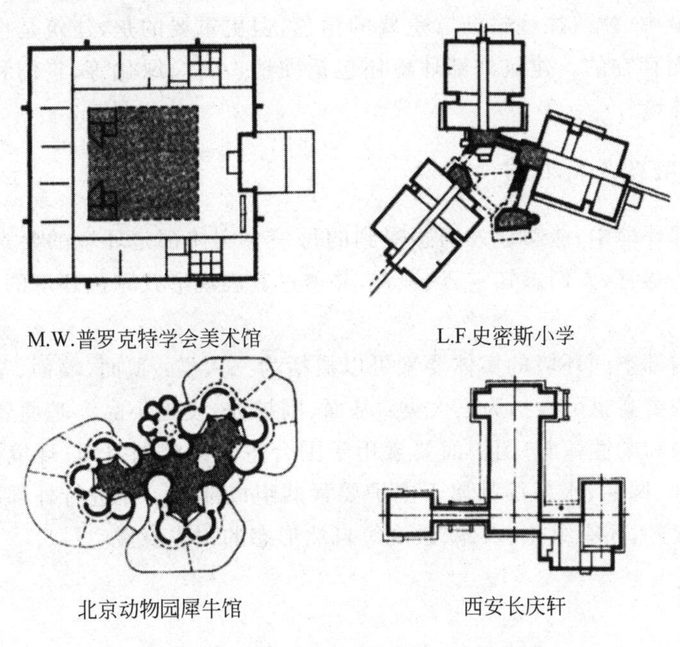

图 6-15　多元建筑空间构成——组团式

第三节　建筑外部环境

任何一座建筑都处于一个特定的环境之中。在人类的建筑活动中，必然受到环境因素的制约。同时新建筑必然要对环境形成一定的影响。建筑的目的是要为人们的生活创造各种各样的空间形式，多种多样生存的环境。因而在这里，建筑、人、环境应该被看作是一个不可分割的整体，脱离人对环境的要求、改造，建筑便失去了意义。

一、建筑外部环境的概念

环境的含义是指周围情况，既包括自然情况，也包括社会情况。在对环境的研究中，不同的领域有自己的概念界定和研究重点。随着人类社会的不断发展和进步，关于环境的研究范围越来越宽广，环境概念的内涵越来越丰富。

建筑学领域对环境研究的内容是城市景观环境。城市景观环境包括自然环境和人工环境两大部分。自然环境包括自然界中原有的地形、地貌、河流、山川、植被及一切生物所构成的地域空间；人工环境即人类改造自然而形成的城市、乡村、道路等人为的地域空间。

自然环境和人工环境协调发展构成的城市景观环境，是城市内比较固定的物质存在物，与人们的日常生活息息相关。人们根据自己的喜好选择环境，也时时刻刻在改造环境，使各种环境更加适合人们的需求。

建筑外部环境是城市环境的有机组成部分，它是以建筑构筑空间的方式从人的周围环境中进一步界定而形成的空间意义上的环境，如公园、广场、街道、绿地等，都是满足人们的某种日常行为而设置的建筑外部环境，整个城市环境就是一系列建筑外部环境的集合。在外部环境中，建筑往往扮演着重要的角色，但更重要的是，建筑是作为外部环境的有机组成部分而存在的。建筑外部环境还包括硬地、水体、绿化等，它们和建筑物一道构成了建筑外部环境。

二、建筑外部环境的组成

在建筑外部环境中，能够让人们感受到的每一个实体都是环境的要素。这些环境要素作用于人们的感官，人们感知它、认识它，并透过其表现形式掌握环境的内涵，发现环境的特征和规律。

构成建筑内部空间环境的实体要素可以概括为三大类：顶面、墙面、基面。构成建筑外部空间环境的要素也可概括为三大类：基面、围护面、设施小品。基面要素按表面特征可分为硬质基面和柔性基面；围护面要素用于围合空间或分隔空间；环境要素中的建筑、雕塑、围墙、廊架、绿篱、水幕等都属于围护要素的组成部分。在进行外部环境设计时，除了各种建筑要素外，还有绿化、水体、景观等自然形态的构成要素。

（一）建筑

建筑外部环境是研究建筑周围、建筑与建筑之间以及空间中的各类物体共同形成的环境，因此，环境中建筑的形态、尺度以及它们之间组合方式的变化，直接关系到所构成的外部环境的质量和空间形态的基本特征，同时也为其他外部环境实体要素的设计提供了依据。

1. 建筑与外部空间形态

建筑外部环境的空间形态非常复杂，具体情况多种多样，概括地看，可分为以下几种类型。

（1）由多个单体建筑围合而成的内院空间。

（2）空间包围单幢建筑而形成的开敞空间。

（3）由建筑平行展开形成的线型空间。

（4）建筑围合而成的面状空间。

（5）远离建筑，经过人工处理的，不同于自然的空间。

2. 建筑外部环境中建筑的作用

建筑以各种方式组织起来形成、定义外部空间。建筑在外部环境中的意义、作用是多方面的，概括起来包括围合要素、分隔要素、背景要素、主导景观、组织景观、充当景框、强化空间特征等。

3. 建筑小品

在建筑外部环境中有些建筑物或构筑物，功能单一、尺度小，不足以对整个外部环境起到控制作用，但是在局部空间的焦点或在局部空间的分隔、划分上起着重要作用。如凉亭、连廊、花架，这些要素在外部环境中有点类似于雕塑，但在外部环境的局部可以起到点景的作用，特别是连廊、花架在局部空间的处理中对划分空间、围合空间、引导人流、形成对景等方面起到重要的作用(图 6-16)。

总之，在建筑外部环境设计中，建筑的形式、组合方式对外部环境的性质、空间形态、功能使用等方面起着决定性的作用。建筑外部环境也制约着每一个单体建筑的形成，这是每一个设计师都必须认真对待的。

(a)　　(b)

图 6-16　建筑中的廊架、景观

(二) 场地

场地的范围十分广泛，可以是指基地内全部内容所组成的整体，也可以是特指外部环境中硬质铺装的地面。场地是供人们聚集、停留的室外活动场所。

1. 场地的分类

按照场地的规模、场地在城市中的作用，可以将场地分为三大类。

(1) 城市广场。广场位于城市的重要部位，是公众特定行为的集中场所，广场周围建有重要的公共建筑，城市广场是城市结构中的重要节点(图 6-17)。

(2) 城市街头小广场。小广场面积不大，往往是建筑后退出来的前庭，或为城市道路与建筑领域之间增设出来的必不可少的缓冲空间，它是人流的集散地、行人的休息地、附近居民的户外活动场地(图 6-18)。

(3) 建筑周边场地。在单体建筑周围的场地或庭院相对独立，一般有围墙、绿篱等将其与外部空间分隔。

2. 场地的形态

场地的形态可分为规则的形态和不规则的形态。

图 6-17　城市广场

图 6-18　城市街头小广场

规则的场地是大型广场经常采用的形式，它的特点为规整、秩序、庄严、崇高，设计时注意空间层次、形态的把握，避免空旷、单调、缺少人情味的情况。

不规则场地的形态很复杂，如广场两边的建筑不平行，可使人产生错觉，将远景拉近或将近景推远。因而，不规则场地会带给人活跃、丰富、动感、魅力等感受，设计时要因地制宜，避免琐碎、凌乱、无序的出现。

（三）道路

道路帮助人们从一个空间来到另一个空间。在现代城市环境中，各种干道、支路、内部道路组成空间过渡的交通网。下面探讨一下步行道路系统。

1. 道路的容量

道路的宽度即道路的容量，主要取决于它所支撑的人流。

2. 道路的形态

直线形是最理想的道路形式，它可以使行人快速、便捷地到达目的地。曲线形的道路使人的行走与环境更趋于自然和谐。在实际设计中，直线形的道路与曲线形的道路经常相伴出现，适应不同的需要。

（四）水体

水面粼粼的波光给人带来无尽的遐想，水对所有的人都有不可抗拒的吸引力。自然之水是外部环境景观中难得的景色，因而设计时要很好地利用。人工的水（图 6-19），无论在形态、声音、动感等方面，以及对外部环境的质量方面，都有整体的提升效果。

图 6-19　广场的水景

（五）绿化

绿化是城市环境的重要组成部分，城市中独特的绿化效果更加强化了城市的特色。外部环境中大多数绿化是人工配置的，有的呈现自然形态，有的经过人工整理，都在环境中发挥着积极的作用，美化和丰富了人们的生活空间，给环境增添了活力。

1. 绿化的分类

城市绿化分为三大类：树木、花卉、草地。

2. 绿化的作用

（1）改善环境质量。无论在挡风、遮阳、隔声还是降低热岛效应、补充清新的空气方面都有调整小气候的作用。

（2）塑造环境氛围。可以使环境氛围更加和谐。

（3）组织环境空间。利用密排的树木围成边界，划分出不同要求的空间，增加空间的层次，创造先抑后扬的空间效果；利用列植的树木的方向感，引导视线并通过景框、夹景来衬托空间；利用树木的孤植或绿化雕塑创造视觉焦点、视觉中心，形成环境空间中的核心。

（4）柔化建筑界面。在外部环境中绿化与建筑巧妙结合，可使环境协调统一，一方面软化了建筑物僵硬的直线条;另一方面在形态、色彩和纹理上都和建筑物形成强烈的对比变化,使二者相互映衬,成为有机的整体。

(六) 小品设施

小品设施要素是建筑外部环境中重要的组成部分。它尺度小,贴近人们的生活,反映了环境的适用性、观赏性和审美价值。小品设施一般位于外部环境中局部小空间的中心,对空间起到了点题和美化的作用(图 6-20)。

图 6-20　小品雕塑对环境的美化

三、建筑外部环境的设计与评价

建筑外部环境是由人创造的外部空间,是人们在对原有环境不满足的情况下,对环境的一种新的创造,在创造的过程中应充分考虑人的行为、习惯、性格、爱好对空间环境的选择。因此,建筑外部环境设计与评价要以人为本,从人的实际需求出发,同时必须充分地考虑建筑外部环境是主客观因素综合作用的结果。下面就主客观综合要素的几个主要方面加以阐述。

(一) 整体

建筑外部环境的设计首先要从整体出发,这里的整体包括三个方面的意义:第一,每一个建筑外部环境的形成都要考虑基地内原有自然要素的制约作用,使自然要素和人工环境协调发展。第二,考虑与相邻的建筑外部环境的协调关系。第三,考虑与城市空间环境的协调关系。

在建筑外部环境设计之前对基地进行深入的了解和考察。了解基地的位置、地形、地貌、植被等自然条件,还要了解周围已经形成的建筑、道路、设施等具体情况,所有这些因素都是设计的重要依据和出发点。在自然因素当中,地形、水体和植被对设计的影响最大。

对基地周边环境、已有建筑、道路和各类环境设施进行考察,使新的设计与原有的环境特征、人文景观协调发展。

就城市的整体来看,每一个新的建筑外部环境都在抒写城市环境的新篇章,因而,建筑外部环境的设计应当与城市整体风貌相一致，并具有超前性，成为城市外部环境的新亮点。

（二）功能

建筑外部环境是人工环境，应满足一定的功能要求，具有一定的目的性。建筑外部环境具有物质功能和精神功能两个方面需求。

建筑外部环境设计时首先要确定具体的功能组成，然后就需要为所设定的功能寻求相对应的外部空间，主要包括确定不同功能区所需要的大小、形态、位置以及它们的组织方式。

（三）空间

建筑外部环境空间的限定要素很多，如建筑、场地、绿化、水体，这些要素相互依存，和谐共生，构成了一个有机的整体。每一个个体要素的形态表达了要素之间的相互关联，传达出更深的内涵。人们通过对实体要素的感觉来感知它，通过在其中的各种活动来体验和评价它。

（四）景观

景观是空间中的视点中心，是具有一定特征和表现力的设施。通过对景观的认识，人们能够加深对整个空间形态的理解。各类环境要素都能成为外部环境中的景观，例如，建筑、树木、雕塑、水景。

1. 景观与空间

由于景观是空间中的视觉中心，因而当它居于空间中心位置时，易于使整个空间产生向心感，景观的控制范围较广。当景观居于空间的一端时，则给空间带来强烈的方向感。

2. 视觉与景观

观察者和景观处于怎样的距离才能完整清晰地实现观察者的意图，这一方面与景观的尺度有关；另一方面与人的视觉生理特征关系密切。看清对象应有足够的视距、良好的视野，也要求景观与背景环境的差异性。

3. 景观序列

景观序列是随着空间序列的展开而展开的，并随着空间序列达到高潮而呈现出主要的景致。人在空间中不停地运动，各类环境要素也随之发生不断的变化，因而设计师应很好地处理近景、中景、远景的关系，处理好主景与其他景观的关系，使整个景观序列在整体的秩序感中变化。

（五）文化

建筑外部环境是时代发展的里程碑，反映了一个地区民族、时代、科技和文化的特征以及居民的生活方式、意识形态和价值观。

第四节 建筑空间与建筑功能

建筑空间是建筑功能的集中体现。建筑功能要求以及人在建筑中的活动方式，决定着建筑空间的大小、形状、数量及其组织形式。

一、空间的大小与形状

由墙、地面、顶棚所围合的单个空间是建筑中最基本的使用单元，其大小与形状是满足使用要求的最基本条件，如果把建筑比作一种容器，那么这容器所包容的便是空间和人对空间的使用，根据功能使用合理地决定空间的大小与形状是建筑设计中的一个基本任务。

(1) 由于平面形状决定着空间的长、宽两个向量，所以在建筑设计中空间形式的确定，大多由平面开始(图 6-21～图 6-23)。在平面设计中首先考虑该空间中人的活动尺寸和家具的布置。

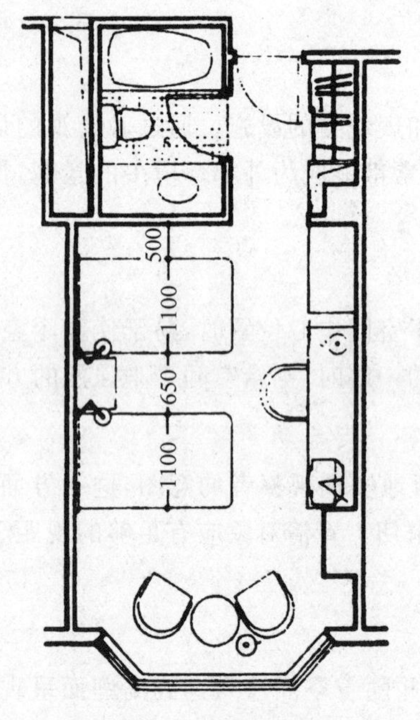

图 6-21 旅馆客房平面

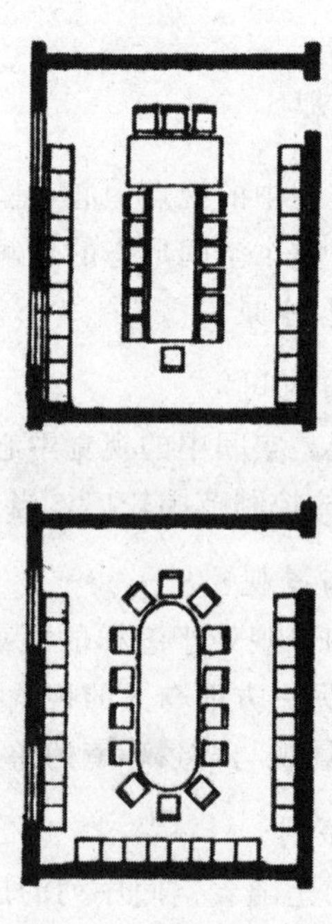
图 6-22 小会议室平面

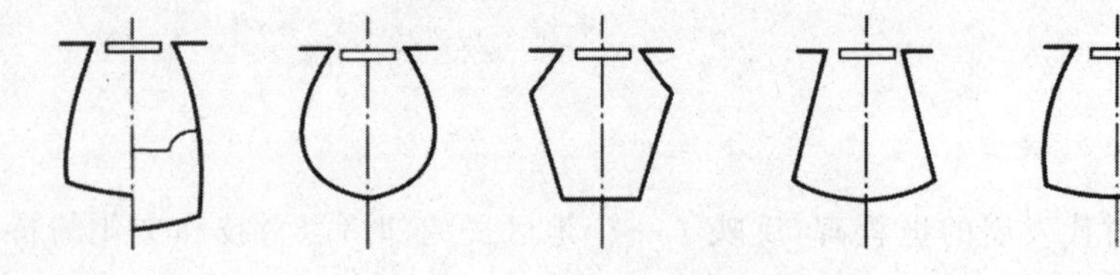
图 6-23 剧场观众厅平面

矩形(包括正方形)平面是采用最为普遍的一种,其长宽尺寸的乘积决定着平面面积的大小,并直接影响到空间的容积。长与宽的比例关系则与空间的使用内容有重要的关系。矩形平面的优点是结构相对简单,易于布置家具或设备,面积利用率高。

圆形、半圆形、三角形、六角形、梯形等,以及某些不规则形状的平面,多用于特定情况的平面设计中。如圆形、椭圆形可用于过厅、餐厅等;大的圆形平面用于体育或观演空间。三角形、梯形、六角形等平面的采用则常与建筑的整体布局和结构柱网形式有关(图 6-24和图 6-25)。

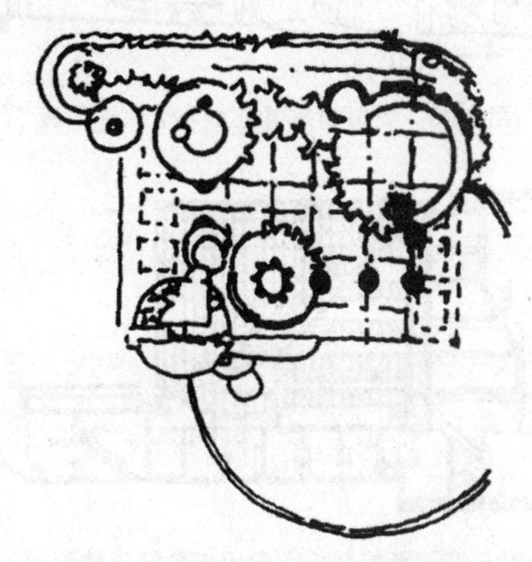

图 6-24 住宅方案设计中的圆形平面

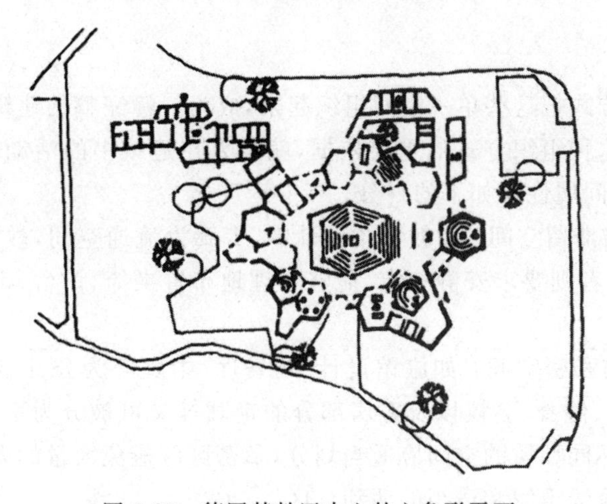

图 6-25 德国某教区中心的六角形平面

(2) 在一般建筑中,空间的剖面大多数也以矩形为主,剖面的高度直接影响建筑中楼层的高度。在多层或高层建筑设计中,层高是一项重要的技术经济指标。在公共建筑中某些重要空间的设计,如大厅、中庭、观众厅、购物大厅等,其剖面形状的确定是一项至关重要的设计内容,它或与特殊的功能要求有关,或处于设计人员对空间艺术构思的考虑(图 6-26 和图 6-27)。

应当注意不能孤立地对待单一空间大小和形状的确定,因为它们还要受到整个建筑的朝向、采光、通风、结构形式以及建筑的整体布局等多种因素的影响和制约。当众多单个空间处于同一建筑中时，如何对它们进行合理的组织，同样是我们在建筑设计中必须解决的问题。

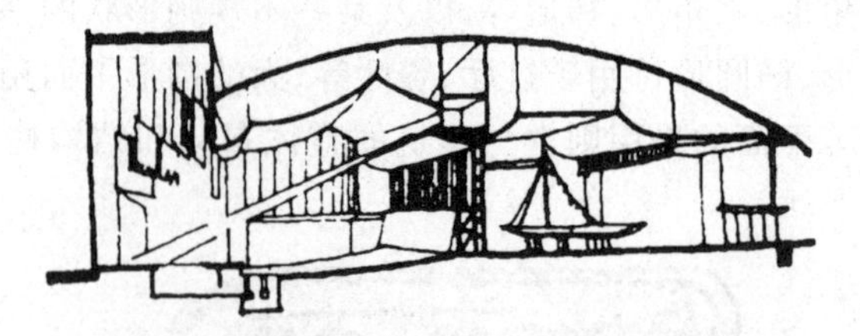

图 6-26　美国加州退伍军人纪念堂剖面

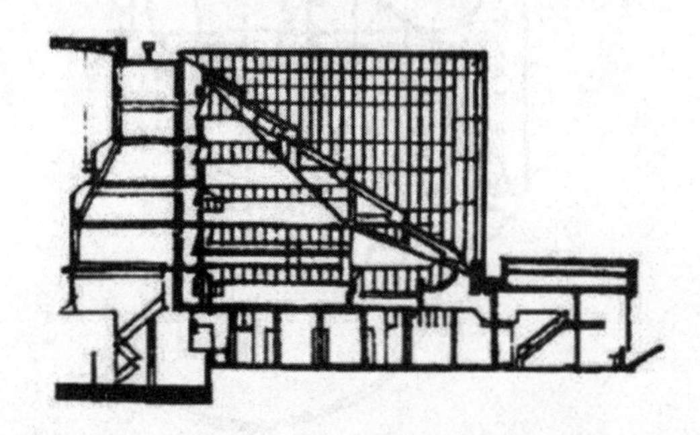

图 6-27　英国剑桥大学历史系教学楼剖面

二、空间组织

依照什么样的方式把这些单一空间组织起来，成为一幢完整的建筑，这是建筑设计中的核心问题。决定这种组织方式的重要依据，就是人在建筑中的活动。按照人的活动要求，可以对不同的空间属性作如下的划分。

(1) 流通空间与滞留空间：如教学楼设计中，走廊为流通空间，教室为滞留空间。前者要求畅通便捷；后者则要求安静稳定，能够合理地布置桌椅、讲台、黑板等，以便进行正常的教学活动。

(2) 公共空间与私密空间：如旅馆设计中，餐厅、中庭等为公共空间，客房为私密空间，商店、餐饮、娱乐、健身、会议以及客房部分的走廊等又可被分为不同程度的半公共或半私密空间。这些不同性质的空间应适当划分，私密区应避免大量的人流穿行，公共空间内则应具有良好的流线组织和适当的活动分区。

(3) 主导空间与从属空间：如剧场中的观众厅为主导空间，休息厅、门厅等为从属空间。观众厅为观众最主要的活动场所，它的形状、大小和位置的决定，对整个设计起着决定性的作用。各从属空间则应视其与主导空间的关系来确定其在建筑布局中的位置。如门厅、休息厅应与观众厅保持最紧密的联系，卫生间和管理用房等则应相对隐蔽。

就空间的组织形式而言，又可大致划分为以下几种关系。

(1) 并列关系：各空间的功能相同或近似，彼此没有直接的依存关系者，常采用并列式组织。如宿舍楼、教学楼、办公楼等多以走廊为交通联系，各宿舍、教室或办公室分布在走廊的两侧或一倾侧(图 6-28)。

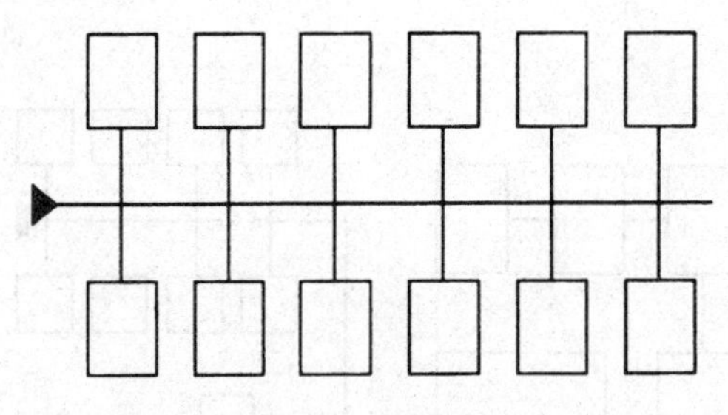

图 6-28　并列关系

(2) 序列关系：各空间在使用过程中，具有明确的先后顺序者，多采用序列关系，以便合理地组织人流，进行有序的活动。如候车楼、候机楼以及大型纪念性、展示性建筑等(图 6-29)。

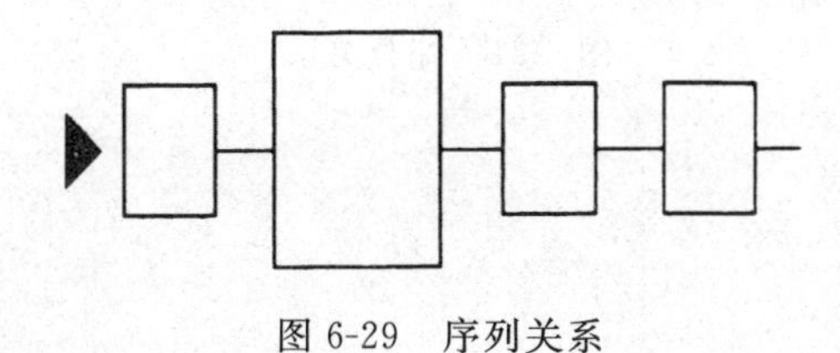

图 6-29　序列关系

(3) 主从关系：各空间在功能上既有相互依存又有明显的隶属关系，多采用这种方式。其各种从属空间多布置于主空间周围，如图书馆的大厅与各不同性质的阅览室和书库，以及住宅中起居室与各卧室和餐室、厨房的关系等(图 6-30)。

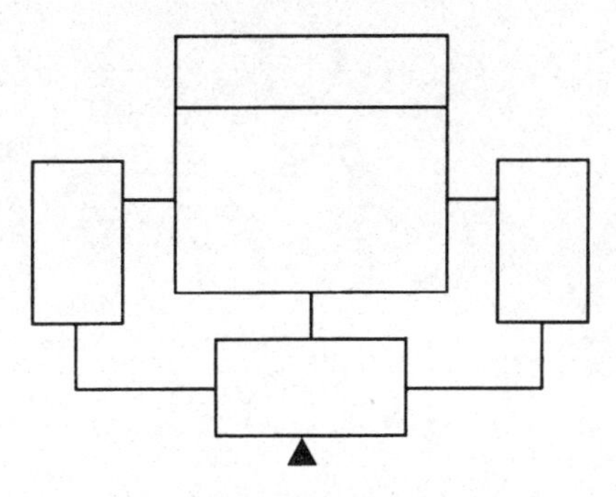

图 6-30　主从关系

(4) 综合关系：在实际建筑中，常常是要求以某一种形式为主，同时兼有其他形式的存在。如大型旅馆中，客房部分为并列关系，大厅及其周围的商店、餐饮、休息等为主从关系，厨房部分则可能表现为序列关系。又如单元住宅就各单元而言为并列关系，而各单元内部则表现为以起居室为中心的主从关系(图 6-31)。

需要强调的是，上述各种分类主要是帮助初学者对建筑中的空间组织与功能关系有一个基本的、理性的认识，掌握这些内容对建筑设计中合理地解决功能问题是有益的。但这些认识并不能代替建筑设计自身，因为决定一项建筑设计成败的还有其他诸如环境、技术、艺术等多种因素，即使仅就建筑功能而言，也还有许多具体内容是本章所未涉及的。

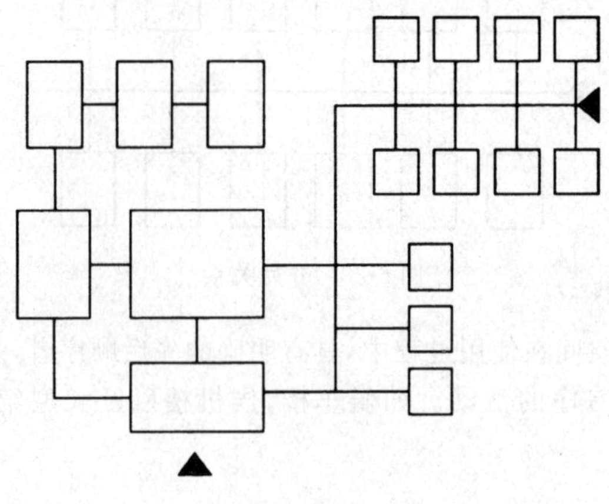

图 6-31　综合关系

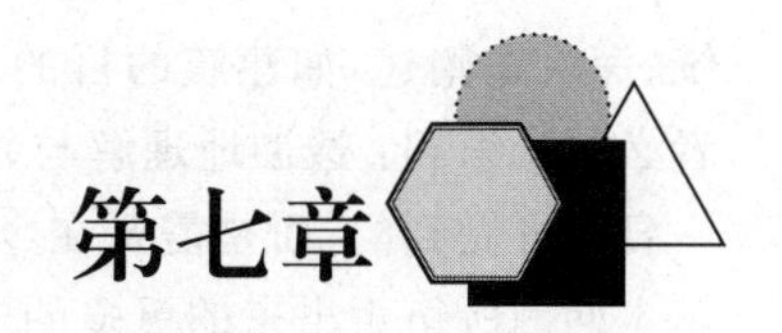

第七章

建筑方案设计方法入门

第一节　认识设计和建筑设计

讨论建筑设计方法，必然会涉及什么是“设计”，什么是“建筑设计”的问题。但是，给设计下一个严谨的定义是比较困难的，因为现实生活中存在着各种类型的设计，除建筑设计外，还有工程设计、工业设计、公共艺术设计、广告设计、服装设计等，并且有不断扩大的趋势，如近年来出现的包装设计、平面设计、形象设计、网页设计、动画设计、人机界面设计、通用设计等，任何对设计的界定都难以做到自然而圆满。因此，列举一些具体的例子也许比归纳一个抽象的定义更容易说明设计的内涵。

大家知道所有的设计都与造物、造型活动相关，但并不是所有的造物、造型都需要设计，那么，首先需要回答的第一个问题是：什么样的造型活动属于设计呢？比如，有两个匠人分别制作了一件陶器，匠人甲在制作之前已经想好了这件陶器是用来汲水的，而匠人乙完全是即兴发挥，直至陶器完成仍不清楚它的用途和目的。那么，甲的工作就属于设计，乙则不是，因为设计是有目的的，无论是功利上的、形式上的还是两者兼有。第二个问题是：甲的这个造型是怎么构想出的呢？制作这个汲水陶器，甲会考虑到它的容积、重量以及两者间的关系，会考虑到汲水、运输以及倒水时的便利等。最终他设想的陶器形状可能是球形和圆锥形的组合，上部有把手和喇叭形开口，表面绘有图案——这是他综合各种已知的知识、理论而构想出来的可能形象。因为球体的容积效率最高，锥体便于倾倒汲水等。这种综合各种道理去生成形象，而不是用形象去阐释哲理的思维特征是设计所独有的。第三个问题是：这个造型是怎么制作出来的呢？要想把这个陶器真正制作出来，甲还需要预先对制作的方法、步骤，以及材料、工具、设备和工艺细节进行必要的规划和设想。这种预先的计划既是设计工作的基本内容，也是设计属性的本质体现。至此，大家对设计应该有个大致的印象了。

上述对设计的解释是启发和指导认识、理解建筑设计的钥匙。设计是“有目的”的，那么建筑设计的目的是什么？这关系到建筑设计的工作方向；建筑的标准又是怎样的？这关系到建筑设计的评价标尺；建筑设计的制约因素有哪些？这关系到建筑设计的前提条件；建筑设计的内容有哪些？这关系到建筑师的工作重点。设计又是“有计划”的，那么建筑设计该怎样运作？这关系到建筑设计的职责范围及其工作背景；建筑设计的特点又是怎样？这是认识和学习建筑设计的基本路径……有些问题在前面的章节中已有比较系

统、深入地阐述，如建筑的目的、建筑的标准、设计的内容等，在此不再赘述。但作为初学者必须认识到：透彻地理解与领悟这些知识，并灵活运用于自己的设计创作中，绝非一时一日即可做到的，而是需要在今后的学习和实践中不断体会、反复思考，这也包括那些由基本问题所衍生出来的更多的子问题。

本节重点对建筑设计的运作程序、方案设计的特点和基本步骤等问题进行论述。

一、建筑设计的运作程序与职责

在阐述建筑设计的职责之前，有必要粗略介绍一下建筑工程项目从筹划、设计、施工直至投入使用这一完整运作程序，以便更深入、透彻地了解建筑设计的工作背景。

（一）一般建筑工程项目的运作程序

一个建筑从开始策划直到投入使用大致经历"10 个环节"即"5 个阶段"（图 7-1）。其中，第 1 个环节即项目策划阶段，第 2～4 个环节即建筑设计阶段，第 5～6 个环节即施工招标和设计交底阶段，第 7～9 个环节即建筑施工阶段，第 10 个环节即竣工验收阶段。它们又可被归纳为"两大过程"，即设计过程（第 1～5 个环节）和施工过程（第 6～10 个环节）。

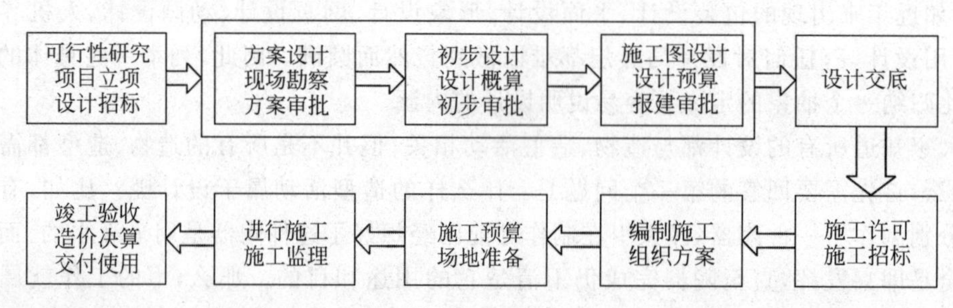

图 7-1 一般建筑工程项目的运作程序示意图

整个运作程序的各个过程、阶段及其环节，皆有明确的工作重点，彼此间又有严谨的顺序关系，以保障建筑工程项目科学、合理、经济、可行、安全地实施。

（二）建筑各设计阶段的工作职责

广义的建筑设计是指设计一个建筑物或建筑群所需要的全部工作，一般包括建筑学、结构工程、给排水工程、暖通工程、强弱电工程、工艺流程、园林工程和概预算等专业设计内容（图 7-2）。其中建筑师负责建筑专业方案的构思与设计，主要进行建筑总图设计和平面布局，解决建筑物与地段环境和各种外部条件的协调配合，满足建筑的功能使用，处理建筑空间和艺术造型，以及进行建筑细部的构造设计等，这就是通常所指的建筑设计或称建筑专业设计。而其他专业的工程师则分别负责结构、水、暖、电等工种的设计与布局，并将设计成果一一汇总，反映到建筑师的工作范畴中来，即反映到建筑的平面、空间中来。因此，一般情况下多由建筑师担任设计主持人，来统筹工作、协调关系、综合化解设计汇总所带来的具体功能、形象、技术上的矛盾与冲突。

为保障建筑设计、施工的质量水平和时间进度，除了与各专业设计人员进行密切合作

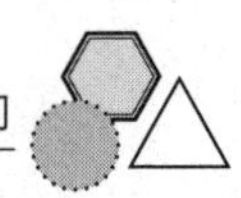

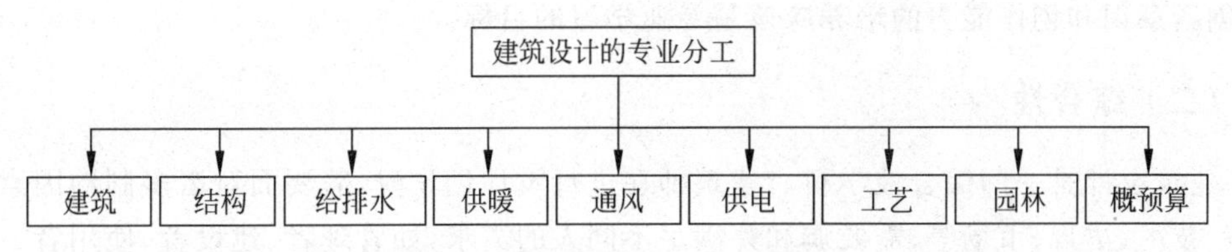

图 7-2　建筑设计专业分工示意图

外，建筑师还必须与业主、城市规划管理部门、施工单位等保持良好的合作关系。因此，善于与人合作，树立团队精神，是建筑学专业学生应有的基本素质之一。

从图 7-1 可知，每一个建设项目的设计从时间顺序上又可以分为方案设计、初步设计和施工图设计三部分工作，它们在相互关联、制约的基础上有着明确的职责分工。其中，"方案设计"作为建筑设计的第一步，担负着确立设计理念、构思空间形象、适应环境条件、满足功能需求等职责。它对整个设计过程所起的作用是开创性的和指导性的。与方案设计相比较，"初步设计"和"施工图设计"则是将方案设计所确立的建筑形象从经济、技术、材料、设备，以及构造做法等诸多方面逐一细化、落实的重要环节，并为建筑施工提供全面、系统而详尽的技术指导。

正是由于方案设计对于整个建筑设计过程中的意义、作用重大，并且方案设计的学习需要一个系统而循序的漫长过程，因此，建筑学专业 1～4 年级的系列设计课程更多地集中在方案设计的训练上，而初步设计和施工图设计训练则主要通过建筑师业务实践来完成。本章所重点论述的设计方法与设计步骤等基本内容亦界定于"方案设计"范围之内。

二、方案设计的特点

正确了解和把握方案设计的基本特点是了解并逐步认识建筑设计所需要的。方案设计的特点可以概括为创作性、综合性、双重性、社会性和过程性五个方面。

（一）创作性

设计是"有计划、有目的的创作行为"，建筑方案设计自然亦属于创作之列，具有创造性。所谓创作是与制作相对照而言的，制作是指因循一定的操作技法，按部就班的造物活动，其特点是行为的重复性和模仿性，如建筑制图、工业产品制作等；而创作属于创新、创造范畴，所仰赖的是主体丰富的想象力和灵活开放的思维方法，其目的是以不断的创新来完善和发展其工作对象的内在功能或外在形象，包括创造一个全新的功能或形象，这些是重复、模仿等制作行为所不能及的。

建筑设计的创作性是人（包括设计者与使用者）及设计对象（建筑）的特点属性所共同要求的。一方面，建筑师所面对的是多种多样的功能需求和千差万别的地段环境，必须表现出充分的灵活开放性才能够解决具体的矛盾与问题；另一方面，人们对建筑空间和建筑形象有着高品质的要求，只有仰赖建筑师的创新意识和创造能力，才能够把纯粹物质层面的材料、设备转化成为具有象征意义和情趣格调的建筑艺术形象。

建筑设计作为一种高尚的创作活动，它要求创作主体具有丰富的想象力和较高的审美能力、灵活开放的思维方式以及勇于克服困难、挑战权威的决心与毅力。对初学者而

言，创新意识和创作能力的培养应该是专业学习的目标。

（二）综合性

建筑设计是一门综合性学科。建筑师在进行设计创作时，需要面对诸多制约因素，如经济、技术、法规、市场等；需要调和并满足不同人的需求，如管理者、建设者、使用者、一般市民等；需要统筹组织并落实多种要素，如环境、空间、交通、结构、围护、造型等。正因为如此，综合解决问题的能力便成为一名优秀建筑师所应具备的、最为突出的专业能力，也是建筑学专业学习、训练的核心所在。

要学会面对众多因素、满足不同需求、落实各种要素，不可能通过有限的课程设计去一一实现，学习并掌握一套行之有效的设计方法和学习方法就显得尤为重要。另外，建筑师所面对的建筑类型也是多种多样的，如居住建筑、商业建筑、办公建筑、学校建筑、体育建筑、展览建筑、纪念建筑、交通建筑等，这就要求学生不仅要学好本专业的课程，而且对社会、经济、文化、历史、环境、艺术、行为、心理等众多相关学科知识都要有一个基本的了解，只有这样才能胜任本职工作，才能游刃有余地驰骋于设计创作之中。

（三）双重性

工程与艺术相结合是建筑学专业的基本属性，因而也决定了建筑设计思维方式的双重性。建筑设计过程可以概括为分析研究、构思设计、分析选择、再构思设计，如此循环发展的过程。在每一个“分析”阶段（包括设计前的功能、环境分析和各个阶段的优化选择分析）所运用的主要是分析概括、总结归纳、决策选择等基本的逻辑思维方式，以此确立设计与选择的基础依据；而在每一个“构思设计”阶段，主要运用的则是形象思维，即借助于个人的丰富想象力和创造力，把逻辑分析的成果发展、升华成为建筑语言——空间和形象，从而完成方案设计的基本意图。因此，建筑设计的学习、训练必须兼顾逻辑思维和形象思维两个方面而不可偏废。在建筑创作中如果弱化了逻辑思维，建筑将缺少存在的合理性和可行性，成为名副其实的空中楼阁；反之，如果忽视了形象思维，建筑设计则丧失了创作的灵魂，最终得到的只是一具空洞乏味的躯壳。

（四）社会性

尽管不同建筑师的作品都有着不同的风格特点，从中反映出建筑师个人的价值取向与审美爱好，并由此成为建筑个性的重要组成部分；尽管建筑是一种商品，开发商可以通过对它的策划、设计、建设、销售，乃至运营，获得丰厚的经济效益。但是，建筑不是一般意义上的商品，更不是私人的收藏品。不管是什么性质和类型的建筑，从它破土动工之日起就已具有广泛的社会性，它已成为城市空间环境的一部分，周围的居民无论喜欢与否，都必须与之共处，它对居民的影响（包括正反两个方面）是客观实在、不可回避的，也是长久的，可以持续数十年，乃至上百年。

画家可以随心所欲，开发商可以唯利是图，但一名合格的建筑师应该具有社会良知和职业操守，并以此去平衡、把握建筑的社会效益、经济效益和个性特点三者的关系。只有正确认识建筑及建筑设计的社会性，才能创作出尊重环境、关怀人性的优秀作品来。

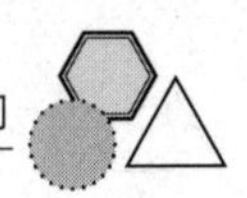

（五）过程性

对于需要投入大量人力、物力、财力的建筑工程而言，具有严谨的设计程序是十分必要的，因为它是保障建筑设计和建设能科学、合理、可行的基本前提。无论是施工图设计阶段，还是方案设计阶段，皆需要系统、全面地调研、分析，需要大胆而深入地思考、想象，需要不厌其烦地听取使用者、管理者的意见，需要在广泛论证的基础上优选方案，需要不断地调整、发展、细化、完善。这是一个相当漫长的过程，在这过程中的每一阶段、每一环节都具有明显的前因后果的内在逻辑关系，一律不可逾越或缺失。设计是需要激情的，但又是没有任何捷径可走的，只有持续地、不懈地、踏踏实实地遵循设计的过程才能到达完美的彼岸。

三、方案设计的基本步骤

完整的方案设计过程按其先后顺序应包括调研分析、设计构思、方案优选、调整发展、深入细化和成果表达六个基本步骤。建筑院校的设计课程也大致遵循了这一基本过程，只是在具体的教学安排上稍有调整。比如，课程设计一般分为“一草”（建筑院校习惯叫法，即第一阶段为草案设计，其他阶段依次类推）、“二草”“三草”和“上板”（正式图纸表达）四个阶段。其中，一草的主要任务是“调研分析”“设计构思”和“方案优选”，二草的主要任务是“调整发展”，三草的主要任务是“深入细化”，上板的主要任务即“成果表达”。

需要指出的是，无论是院校的课程设计还是真实的建筑设计，其方法、步骤并不是唯一的、一成不变的，而是会随着训练时间、训练目的、设计要求和设计重点的变化而灵活调整。比如，有的完成到二草即开始上板；有的属于半快速设计，仅要求达到二草的深度；有的训练属于快速设计，可能只给几天甚至几个小时的时间来完成，等等。

无论按照什么样的具体步骤去实施设计，都会遵循“一个大循环”和“多个小循环”的基本规律（图 7-3）。“一个大循环”是指从调研分析、设计构思、方案优选、调整发展、深入细化，直至最终表现，这是一个基本的设计过程。严格遵循这一过程进行操作，是方案设计科学、合理、可行的保证。过程中的每一步骤、阶段，都具有承上启下的内在逻辑关系，都有其明确的目的与处理重点，皆不可缺少。而“多个小循环”是指：从方案立意构思开始，每一步骤都要与前面已经完成的各个步骤、环节形成小的设计循环。也就是说，每当开始一个新的阶段、步骤，都有必要回过头来，站在一个新的高度，重新审视、梳理设计的

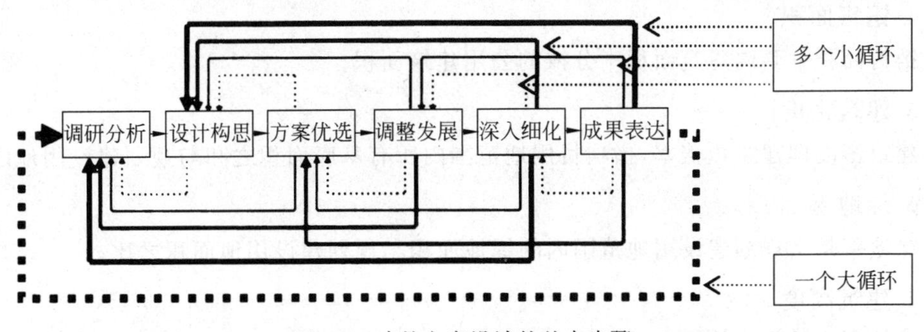

图 7-3　建筑方案设计的基本步骤

思路，进一步研究功能、环境、空间、造型等主要因素，以求把握方案的特点，认识方案的问题症结所在并加以克服，从而不断将设计推向深入。

第二节　建筑设计的常用术语

1. 容积率

容积率又称建筑面积毛密度，是项目用地范围内地上的总建筑面积（还必须是正负0标高以上的建筑面积），与项目总用地面积的比值。容积率的值是无量纲的比值，通常将地块面积设为1，地块内地上建筑物的总建筑面积比地块面积的倍数即为容积率的值。

现行城市规划法规体系下编制的各类居住用地的控制性详细规划的一般容积率，如表7-1所示。

表7-1　各种居住建筑类型的容积率

居住建筑类型	容　积　率
独立别墅	0.2～0.5
联排别墅	0.4～0.7
6层以下多层住宅	0.8～1.2
11层小高层住宅	1.5～2.0
18层高层住宅	1.8～2.5
19层以上住宅	2.4～4.5

2. 得房率

得房率是指可供住户支配的面积（也就是套内建筑面积）与每户建筑面积（也就是销售面积）之比。

得房率是买房比较重要的一个指标。得房率与建筑面积相关，得房率太低不实惠，太高又不方便。因为得房率越高，公共部分的建筑面积就越少，住户也会感到压抑。一般得房率在80%左右比较合适，分摊的公共部分建筑面积也比较宽敞气派。

3. 套内建筑面积

套内建筑面积＝套内使用面积＋套内墙体面积＋阳台建筑面积。

4. 销售面积

销售面积＝套内建筑面积＋分摊的公用建筑面积。

5. 建筑密度

建筑密度即建筑覆盖率，指项目用地范围内所有基底面积之和与规划建设用地之比。

6. 绿地率

绿地率是指规划建设用地范围内的绿地面积与规划建设用地面积之比。

7. 建筑高度

建筑高度是指建筑屋面最高檐口底部到室外地坪的高度。建筑高度的计算应符合下

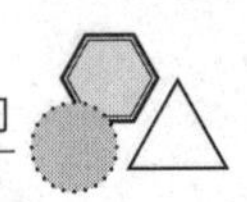

列规定：①烟囱、避雷针、旗杆、风向器、天线等在屋顶上的凸出构筑物不计入建设高度；②楼梯间、电梯塔、装饰塔、眺望塔、屋顶窗、水箱等建筑物之屋顶上凸出部分的水平投影面积合计小于屋顶面积的20%，且高度不超过4m的不计入建筑高度；③建筑为坡度大于3°的坡屋顶建筑时，按坡屋顶高度1/2处到室外地平面来计算建设高度。

8. 用地红线

用地红线是指各类建筑工程项目用地的使用权属范围的边界线。边界线围合的面积就是用地范围。如果征地范围内无城市公共设施用地征地范围，即为用地范围；征地范围内如有城市公共设施用地，如城市道路用地或城市绿化用地，则扣除城市公共设施用地后的范围就是用地范围。

9. 建筑红线

建筑红线由道路红线和建筑控制线组成。道路红线是城市道路、含居住区级道路用地的规划控制线；建筑控制线是建筑物基地位置的控制线。基地与道路邻近一侧一般以道路红线为建筑控制线。如果因城市规划需要，主管部门可在道路线以外另定建筑控制线，一般称后退道路红线建造。任何建筑都不得超越给定的建筑红线。

第三节　设计前期工作

设计前期工作是建筑设计的第一阶段工作，其目的就是通过对设计任务书、公共限制条件、技术经济因素和相关规范资料等重要内容进行系统、全面的分析研究，为方案设计确立科学的依据。

一、设计任务书

设计任务书一般是由建设单位或业主依据使用计划和意图提出的。一个完整的设计任务书应该表达四类信息：

(1) 项目类型与名称(工业/民用、住宅/公建、商业/办公/文教/娱乐/……)、建设规模与标准、使用内容及其面积分配等。

(2) 用地概况描述及城市规划要求等。

(3) 投资规模、建设标准及设计进度等。

(4) 建设单位(业主)的其他要求。

二、公共限制条件

新建建筑的介入都会对城市或区域的环境引起某些改变。为了保证建筑场地与其他周围用地单位拥有共同的协调环境，场地的开发和建筑设计必须遵守一定的公共限制条件。如图7-4中新建建筑的高度、出入口、建筑边界及建筑尺度都受到原有建筑的限制。公共限制包括地段环境(气候条件、地质条件、地形地貌、景观朝向、周边建筑、道路交通、城市方位、市政设施、污染状况等)；人文环境(城市性质规模、地方风貌特色)；城市规划设计条件(图7-5和图7-6)(建筑红线限定、建筑高度限定、容积率限定、绿化率要求、停车量要求）。

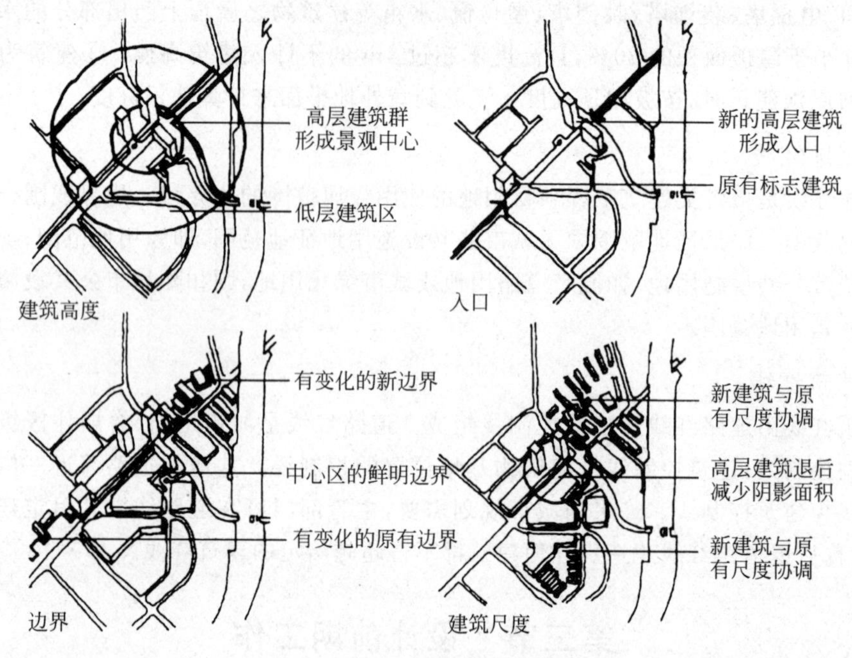

图 7-4　城市规划对建筑的限制

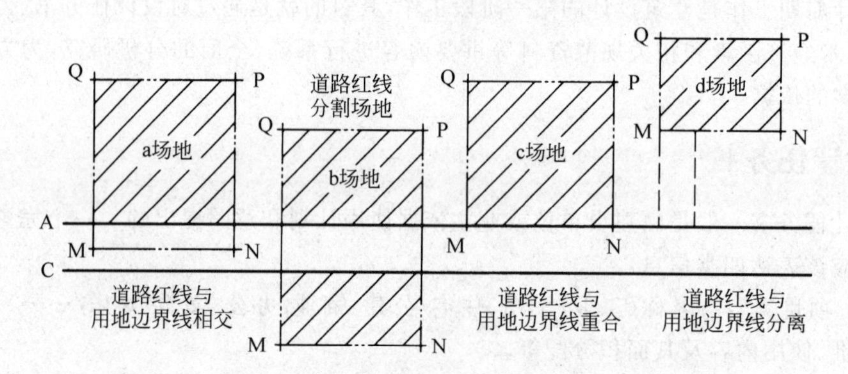

图 7-5　建筑红线与用地边界线的关系

三、造价和技术经济要求

技术经济因素是指建设者所能提供用于建设的实际经济条件与可行的技术水平。它是确立建筑的档次质量、结构形式、材料应用以及设备选择的决定性因素，是除功能和环境之外影响建筑设计的第三大因素。

四、收集资料

学习并借鉴前人正反两个方面的实践经验和教训，了解并掌握相关规范制度，既是避免走弯路、走回头路的有效方法，也是认识并熟悉各类型建筑的最佳捷径。因此，学好建

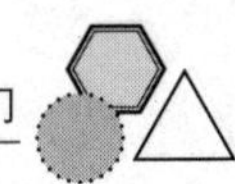

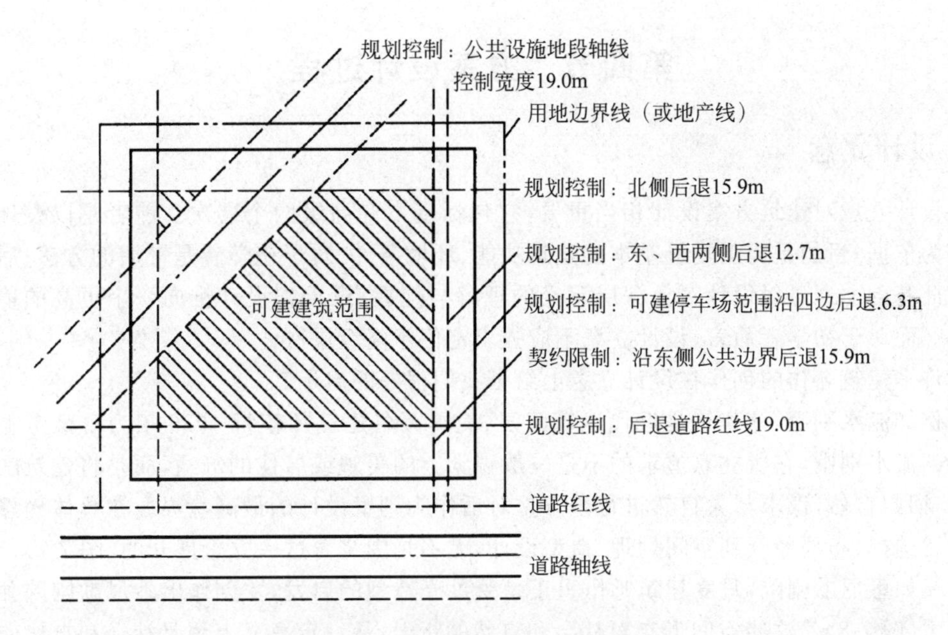

图 7-6　用地控制线与建筑控制线

筑设计，必须学会搜集并使用相关资料。

收集资料要注意两点：一是专门收集与本设计类型相同的实例资料，而且是规模和基地情况也是接近的。包括对设计构思、总体布局、平面组织和空间造型的基本了解和使用管理情况等。最终以图文形式尽可能详尽而准确地表达出来，形成一份永久性的参考资料。二是收集一些规范性资料和优秀设计图文资料。建筑设计规范是建筑师在设计过程中必须严格遵守的具有法律效力的强制性条文，对方案设计影响最大的设计规范有日照规范、消防规范和交通规范。优秀设计图文资料的收集与实例资料有一定的相似之处，只是优秀设计图文资料是在技术性了解的基础上更侧重于实际运营情况的调查，实例资料仅限于对该建筑总体布局、平面组织、空间造型等技术性了解。简单方便和资料丰富则是实例资料的最大优势。但优秀设计图文资料不应是用来抄袭的，而是应用来分析研究的，分析它为何如此、有何特点、哪些地方可以借鉴等。

方案设计，除了收集、分析、比较同类建筑之外，还要做一些基本的“工具性”资料的收集工作。例如中学的设计，需要收集一些普通教室的尺寸、课桌椅的尺寸、走道的宽度、厕所的布局、建筑的层高、阶梯教室的各种尺寸规定等。

五、类比工作

类比的目的就是要比优劣，知道什么是好，什么是坏，从而就有努力追求的目标和方向。方案设计之前或早期阶段，须做好类比工作。

同类建筑的资料收集起来后，还须作深入分析比较。这种比较不仅是做谁好谁坏之分，还要分析它们的规模、功能、总体、细部、造型等。

第四节　方案设计过程

一、设计立意

设计立意对建筑方案设计相当重要，它包括基本和高级两个层次。前者是以设计任务书为依据，目的是为满足最基本的建筑功能、环境条件，对于初学者是常用的方法；后者则在此基础上通过对设计对象深层意义的理解与把握，谋求把设计推向一个更高的境界水平。而对于初学者而言，设计立意不应强求定位于高级层次。

许多建筑名作的创作在设计立意上给了我们很好的启示。

例如流水别墅，该建筑是近代建筑巨匠、美国著名建筑师赖特 1936 年为富豪考夫曼设计的流水别墅，它所立意追求的不是一般视觉上的美观或居住的舒适，而是将建筑融入自然，回归自然，谋求与大自然进行全方位对话作为别墅设计的最高境界。在具体构思上从位置选择、布局经营到空间处理、造型设计，无不是围绕着这一立意展开的(图 7-7)。

又如悉尼歌剧院，丹麦建筑师伍重正是受贝壳造型的启发，才创作出悉尼歌剧院独特的形象(图 7-8)。这些空间形态对社会和自然的折射，从一定意义上说是社会和自然向建筑空间领域的延伸，是对空间内涵的艺术创造。

图 7-7　流水别墅

图 7-8　悉尼歌剧院

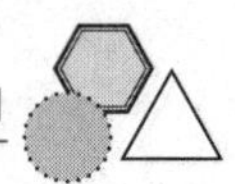

再如巴黎卢浮宫扩建工程，由于原有建筑特有的历史文化地位与价值，决定了最为正确而可行的设计立意应该是无条件地保持历史建筑原有形象的完整性与独立性，将新建、扩建部分的主体置于地下，仅把入口设置在广场上，而竭力避免新建、扩建部分喧宾夺主（图 7-9）。

图 7-9　巴黎卢浮宫

二、基地的把握

在基本把握了建筑的功能关系及设计立意后，接下来的工作是对基地的熟悉和把握。建筑的基地在设计中有些什么要素，设计者首先要了解，并进一步能处理这些要素。

对基地的熟悉和把握对建筑总平面设计的影响很大。例如，比较方正的基地，建筑的总平面布置比较自由，较容易处理，如图 7-10 所示。如果是一块狭长的基地，建筑的总平面布置就有一定的难度（受制约很大），尤其是基地南北长，东西狭窄，则难度更大，因为涉及建筑物的朝向问题，如图 7-11 所示。

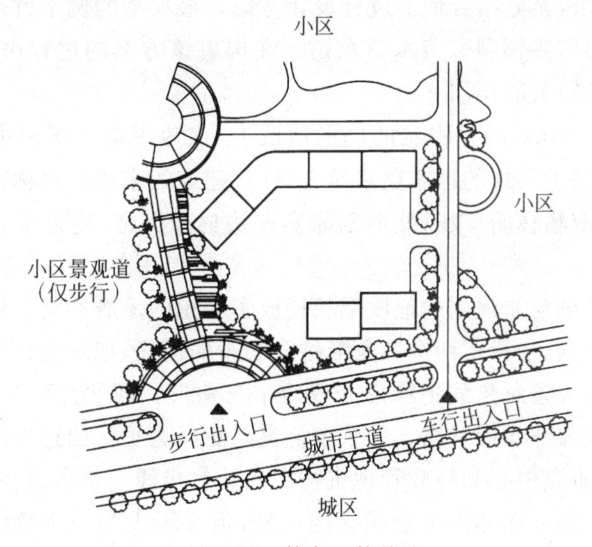

图 7-10　较方正的基地

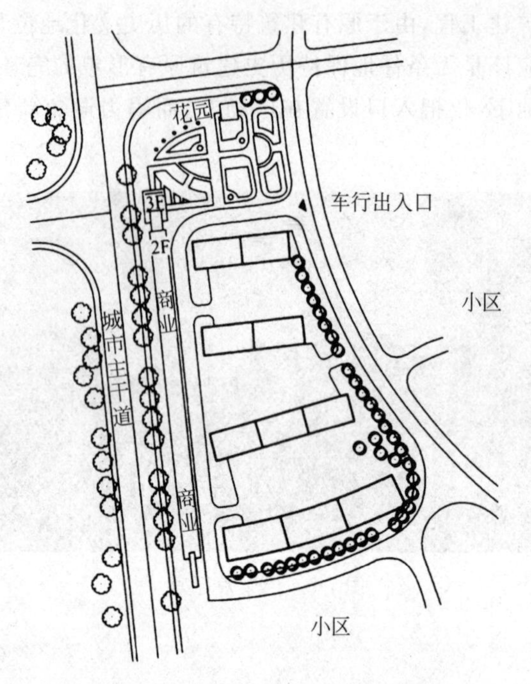

图 7-11 南北长，东西狭窄的基地

有时基地有起伏，则还必须考虑等高线的处理。大体来说，建筑物总希望顺着等高线布置，但也不能不考虑到建筑物的朝向，建筑物一般都是南北朝向、前低后高，这种形式的目的，主要是为了日照需要。但从基地来讲，不能不考虑到朝向而产生的室外环境的效果。

如果是一块不规则的基地，则要看它是否符合功能关系所确定的形态。但这也要设计者会动脑筋、想办法，充分结合地形进行设计考虑。最典型的例子就是著名的美国华裔建筑师贝聿铭设计的华盛顿国家美术馆东馆。在构思该方案的过程中，地段环境尤其是基地形状起到了举足轻重的作用。

东馆建在一块 3.64m² 的呈楔状的梯形地段上，该地段位于城市中心广场东西轴北侧，其楔底面对新古典主义式的国家美术馆老馆(该建筑的东西向对称轴贯穿新馆用地)。用地东望国会大厦，南临林荫广场，北面斜靠宾夕法尼亚大道，附近多是古典风格的重要公共建筑(图 7-12)。

严谨对称的大环境与非规则的地段形状构成了尖锐的矛盾冲突。贝聿铭紧紧把握住地段形状这一突出特点，选择了两个三角形拼合的布局形式，把新建建筑与周边环境关系处理得天衣无缝。用一条对角线把梯形分成两个三角形。西北部面积较大，是等腰三角形，底边朝西馆，以这部分作展览馆。三个角上突起断面为平行四边形的四棱柱体。东南部是直角三角形，为研究中心和行政管理机构用房。对角线上筑实墙，两部分在第四层相通。这种划分使两大部分在体形上有明显的区别，但又不失为一个整体。展览馆入口宽阔醒目，它的中轴线在西馆的东西轴线的延长线上，加强了两者的联系。研究中心的入口则偏居一隅。而划分这两个入口的是一个棱边朝外的三柱体，浅浅的棱线，清晰的阴影，

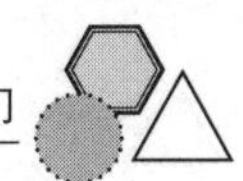

图 7-12　华盛顿国家美术馆东馆实景图

使两个入口既分又合，整个立面既对称又不完全对称。同时，展览馆入口北侧的大型铜雕，与建筑紧密结合，相得益彰，如图 7-13～图 7-15 所示。

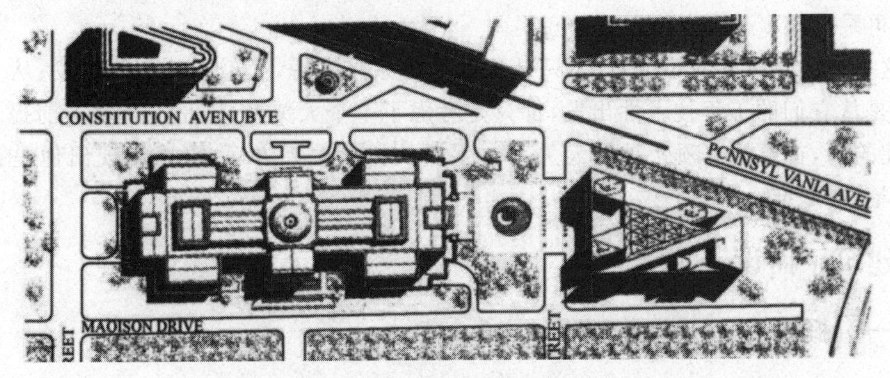

图 7-13　华盛顿国家美术馆东馆总平面图

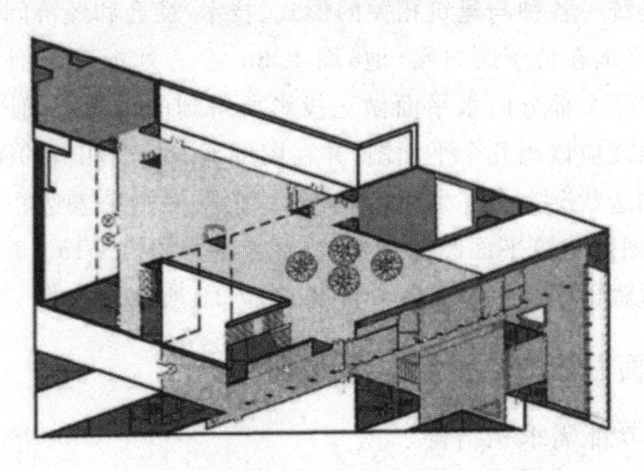

图 7-14　华盛顿国家美术馆东馆一层平面

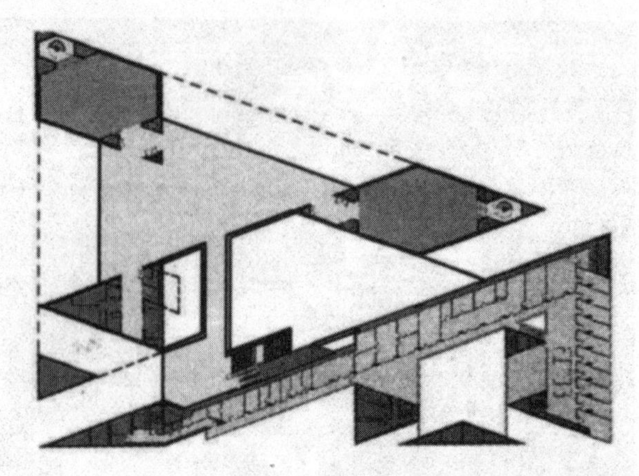

图 7-15　华盛顿国家美术馆东馆二层平面

东西馆之间的小广场铺花岗石地面，与南北两边的交通干道区分开来。广场中央布置喷泉、水幕，还有五个大小不一的三棱锥体，是建筑小品，也是广场地下餐厅借以采光的天窗。广场上的水幕、喷泉跌落而下，形成瀑布景色。观众沿地下通道自西馆来，可在此小憩，再乘自动步道到东馆大厅的底层。

这里说的建筑方案的布局，还只是从大的关系来考虑，无论是从功能出发、从基地出发，还是从它们的工程技术性出发，都只是考虑了一个大关系，这是一个基本前提。作为一个建筑师，首要的本领就是从大关系入手。从抓大关系方面，可以体现出他是否具有“大手笔”的水准。

三、建筑平面设计

（一）概念

世界著名建筑师、现代主义建筑学派的奠基人格罗皮乌斯曾经说过：“建筑师作为一个协调者，其工作是统一各种与建筑相关的形式、技术、社会和经济问题。”

假想水平剖切平面在位于距离楼（地）面 1.6m 左右处把建筑剖切开来，移去剖切平面以上的部分，将其下半部分向水平面做正投影所得到的水平剖切图称为平面图。一般情况下，建筑有几层就应该画几个平面图，并在图纸下方标明相应的图名。当建筑中间若干层的平面布局、构造状况完全一致时，则可用一个平面图来表达相同布局的若干层，称为建筑标准层平面图。建筑平面图的常用比例为 1∶100、1∶150、1∶200 等。对建筑平面图构思、创作的过程即为建筑平面图设计，如图 7-16 所示。

（二）建筑平面图的形态设计构思方法

1. 形态设计与功能需求相结合

建筑设计的最终目的是满足人们在空间使用过程中的功能需求。建筑平面图设计是初学者在建筑设计构思阶段首先应考虑的问题，则其形态设计与功能需求结合得是否贴切就显得尤为重要。在满足人们功能需求的同时，建筑平面图的形态设计还应大胆创新。

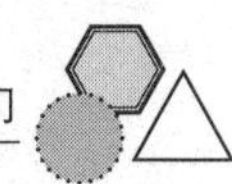

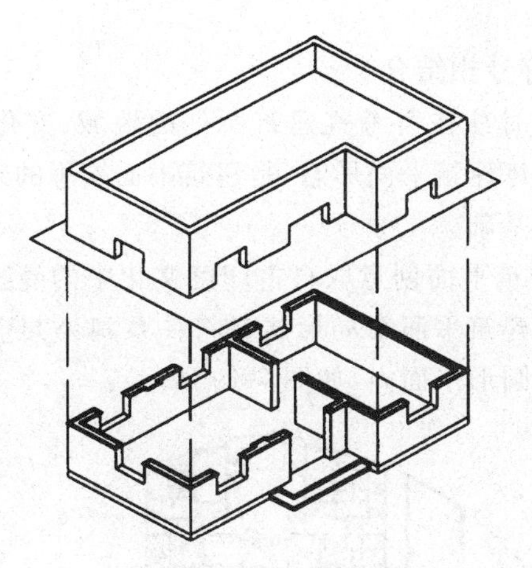

图 7-16　建筑平面图的形成

美国著名建筑大师赖特在设计纽约古根海姆博物馆时，打破了以往博物馆“迷宫式”和“盒子式”的平面布局形式，设计出了一个弯曲、连续的螺旋形平面，将展品分布于螺旋形墙壁上，给观众耳目一新的感觉，同时也体现了赖特先生“有机建筑理论”的设计思想。这种平面布局形式给后来的设计师在建筑创作中带来了新的设计灵感，如图 7-17 和图 7-18 所示。

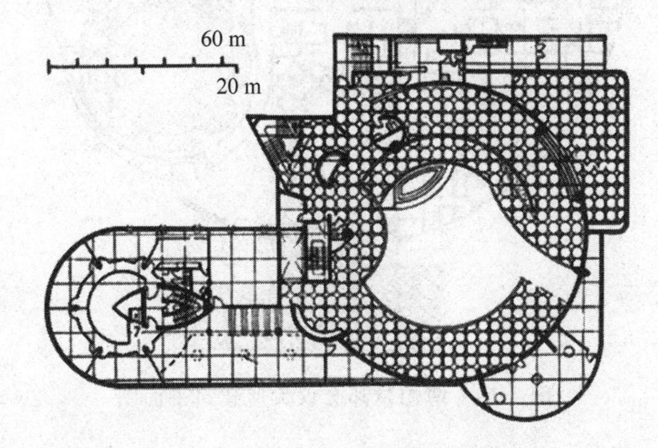

图 7-17　古根海姆博物馆建筑平面图

图 7-18　古根海姆博物馆内的螺旋形墙壁

2. 形态设计与传统符号相结合

建筑平面形态在设计时往往需考察建筑所处的地域、文化、历史、周边环境等因素。在这些因素相关符号中提炼建筑平面形态，是建筑平面构思的来源之一，同时也为后续建筑设计奠定了一个良好的基础。

博帕尔邦会议大厦建筑平面创意取自古印度文化中的曼荼罗图形，曼荼罗的实质是强调表现中心与边界。该建筑平面布局形式是将一系列公共空间分割为九宫格形式，并将它们围合在一个完整的圆形平面内，如图 7-19 所示。

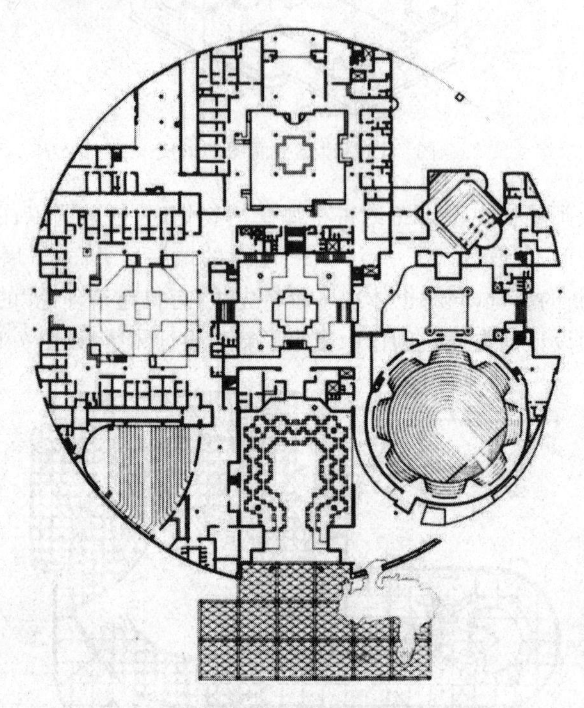

图 7-19　博帕尔邦会议大厦建筑平面图

3. 形态设计与心理感受相结合

建筑平面图设计实质上是空间形态设计，在设计时设计师还应考虑到空间与空间的关联性，其基本原则是注重人在空间活动中的心理感受。这一点在宗教建筑和皇家建筑中表现得尤为突出。

日本著名建筑大师安藤忠雄所设计的真言宗本福寺水御堂坐落在日本兵库县，它采用卵形水池象征生命的诞生与再生，采用莲花象征开悟的释迦牟尼像，采用圆形大殿象征循环不息的轮回。观众可通过平面进行的路线对建筑各个组成部分产生不同的心理暗示与体验，能够在内心感受宗教的神圣与洗礼，如图 7-20 所示。

（三）建筑平面组合设计方式

1. 走廊式组合

走廊式组合是指走廊的一侧或双侧布置功能用房的建筑平面组合方式。各个功能用

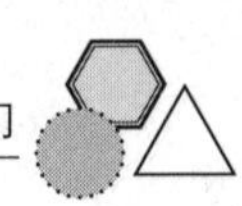

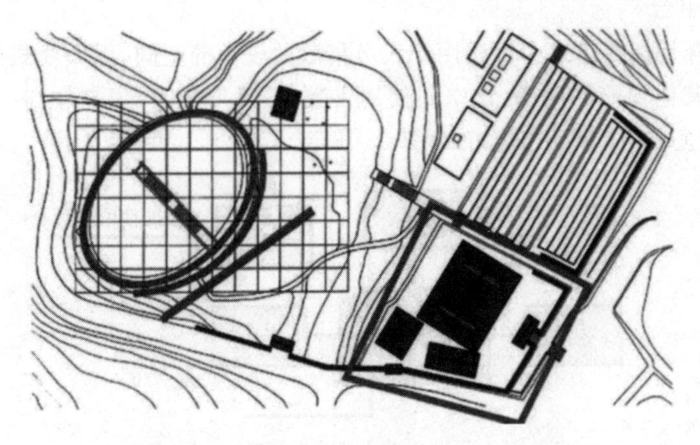

图 7-20　真言宗本福寺水御堂总平面示意图

房相对独立，由走廊将它们串联在一起。走廊式组合根据走廊与功能用房的位置关系划分为外廊式组合、内廊式组合、沿房间两侧布置走道三种情况。常见的建筑类型有教学楼、办公楼等，如图 7-21 所示。

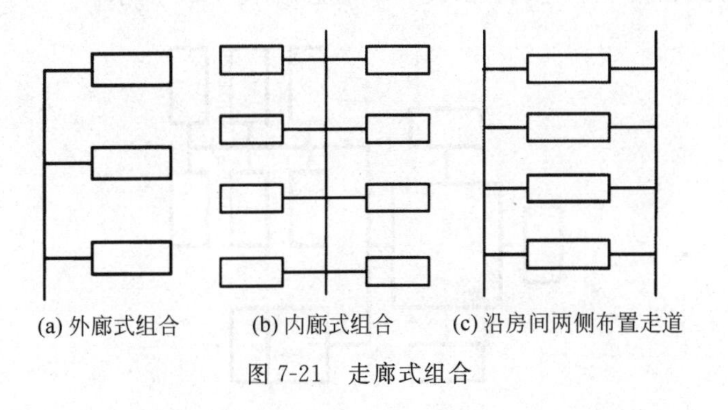

(a) 外廊式组合　(b) 内廊式组合　(c) 沿房间两侧布置走道

图 7-21　走廊式组合

2. 套间式组合

套间式组合是指空间之间按照一定的序列关系连通起来的建筑平面组合形式，这种形式可减少交通面积，平面布局更为紧凑，空间联系更为方便，但各个空间之间存在相互干扰的可能。常见的建筑类型有住宅、展览馆、车站等，如图 7-22 所示，1 空间与 2 空间之间是穿套关系。

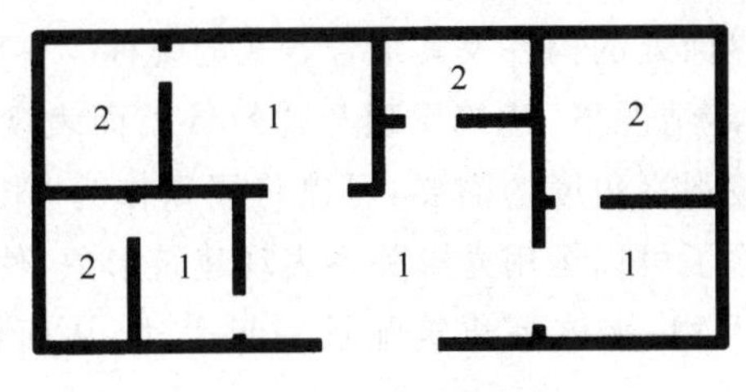

图 7-22　套间式组合

3. 大厅式组合

大厅式组合是指在建筑中设置用于人员集散的较大的空间，以大厅式的空间为中心，在其周围布置其他功能的用房，该空间使用人数多、尺度较大、层高较高。常见的建筑类型有火车站、影剧院、体育场馆等，如图 7-23 所示。

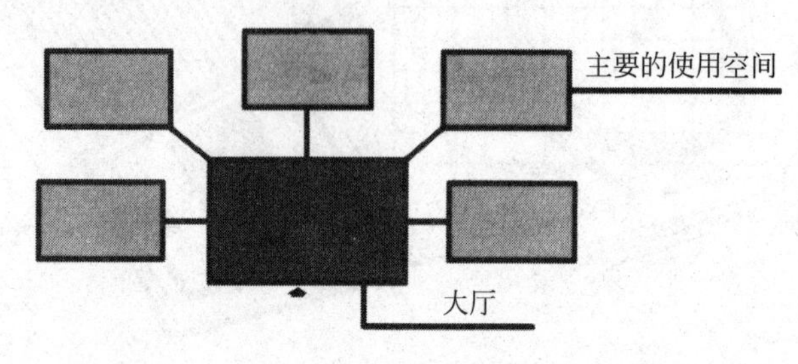

图 7-23　大厅式组合

4. 混合式组合

混合式组合在建筑平面设计中综合运用了以上 2 种或 3 种平面空间组合方式。这种建筑平面组合形式在大中型建筑平面设计中常见，如图 7-24 所示。

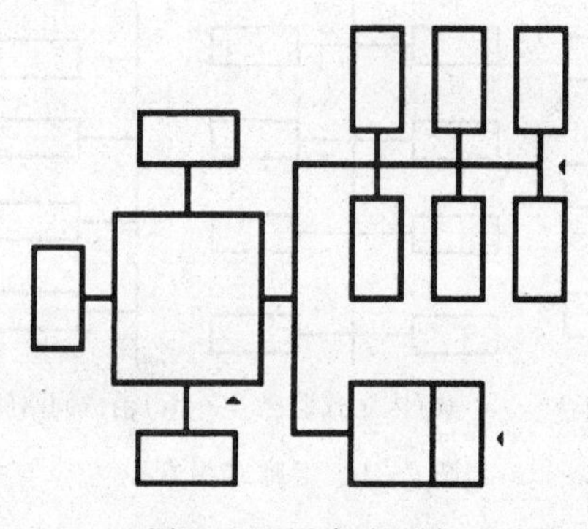

图 7-24　混合式组合

四、建筑立面设计

（一）建筑立面设计的含义

建筑立面是指建筑与建筑的外部空间直接接触的界面以及其展现出来的形象和构成方式，或是建筑内外空间界面处的构件及其组合方式的统称。一般情况下，建筑立面不包括建筑屋顶。但在某些特定情况下，建筑屋顶与建筑外墙面表现出很强的连续性且难以区分时，或为了特定的建筑观察角度的需要，可以将屋顶作为“第五立面”来设计与处理。在建筑立面图纸表达时，除了可以运用光影关系表现建筑形象，使建筑立面表达富有层次感外，往往将草地、树木、人物、水体等建筑配景一起表达，从而使图纸显得更加生动与完整。

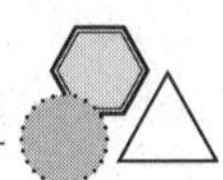

（二）建筑立面设计遵循的原则

1. 时代性原则

从建筑发展的历程看，在不同时代背景下涌现出了各具特色的建筑设计实例。在有些建筑遗址中，建筑立面造型、材料、结构方式、设计手法等成为特定时代下永恒的经典，它们不仅记录了一段历史，而且反映了当时社会背景下的建筑技术、人们的思想观念和审美倾向；在有些纪念性建筑实例中，建筑的设计手法、表现形式体现出了人们对历史的感悟、反思，表达出了人们对美好生活的向往，如图 7-25 和图 7-26 所示。

图 7-25　侵华日军南京大屠杀遇难同胞纪念馆入口

图 7-26　侵华日军南京大屠杀遇难同胞纪念馆雕塑

从当今建筑设计上看，新材料、新工艺为建筑立面美观、节能、消防安全等要素设计提供了物质技术支持，使建筑立面设计体现出了当今的时代气息，图 7-27 为上海环球金融中心，方形基座到顶部呈刀锋状，采用钢结构和钢筋混凝土结构。

(a)

(b)

图 7-27 上海环球金融中心

2. 地域性原则

建筑立面设计应与不同国家、不同地域的气候条件、地理环境、历史文化、风土人情等因素相结合，在立面造型元素的设计与选取中体现地域性特色，如图 7-28 所示，其为古徽州的民居建筑，采用高高的马头墙、小窗户的建筑形式和院落式的建筑格局。

图 7-28 古徽州的民居建筑

3. 文化性原则

岭南建筑学派代表人物何镜堂先生提出的建筑观为“两观三性”，其中特别指出建筑应具有文化性：“一个建筑它不单要满足物质功能的要求，同时要给人一种精神上的感受。”这说明文化决定了建筑的内涵与品位。法国作家维克多·雨果曾这样说过：“建筑艺术同人类思想一道发展起来，它成了千头万臂的巨人，把有着想象意义的漂浮不定的思想固定在一种永恒的、看得见的、捉摸得到的形式下面。”这充分说明建筑是文化的记载，有时是时代文化的记载，而不是一种毫无根据的形式堆砌，图 7-29 为 2010 年上海世界博览会中国馆，采用了“中国红”、斗冠造型。

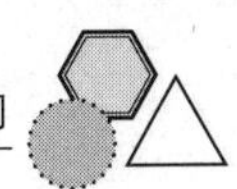

图 7-29　2010 年上海世界博览会中国馆

4. 大众性原则

建筑立面设计不仅应遵循艺术形式美学法则，同时也应综合考虑社会、经济、技术、文化、地域等诸多因素，考虑大多数人们的生活习惯和审美倾向，从而创造出雅俗共赏的建筑立面形象。

5. 经济性原则

在满足以上四要素的基础上，根据建筑项目的预算，在设计、施工与监理等多方面、多环节地考虑节约、节能、控制等因素，理性地确定建筑立面设计的定位。

（三）建筑立面造型的形式美法则

历代画家、艺术家和建筑师在长期的专业实践创作中总结了一套完整的形式美法则，其中包括统一与变化、对称与均衡、节奏与韵律、比例与尺度等，这些形式美法则在建筑立面设计中常常通过各种造型、色彩、装饰手段等因素表现出来。

1. 统一与变化

统一与变化是形式美的基本规律。某一事物往往通过点、线、面、体、空间等要素构成一个统一协调的整体。变化是寻找各要素之间的差异、区别。没有统一，事物就显得杂乱无章而缺乏和谐与秩序；没有变化，人们就会或多或少有单调感与乏味感。

在进行建筑立面设计时，设计元素主题与形式不仅要满足建筑的属性要求与地域特征，同时也要符合统一与变化的基本规律。图 7-30 为某楼层统一的灰色墙面和大小统一的矩形窗洞，窗洞在布局上有方向上和疏密上的变化。图 7-31 为某教学楼教学区外立面采用水平方向界面分割手法，局部的楼梯空间外立面采用垂直方向界面分割手法，造型上既统一又有变化。

2. 对称与均衡

对称是指在事物中相同或相似的形式要素之间，由相称的组合关系所构成的绝对平衡。在建筑立面设计上，往往可以找到对称轴线，对称轴线左右或上下的造型与体量是完全相同的。均衡是指在造型艺术设计的画面上，不同部分与造型因素不对称，但在视觉和

图 7-30 统一与变化(1)

图 7-31 统一与变化(2)

心理上有一种平衡感。建筑立面设计中的均衡是指建筑立面的左右、前后、上下等各部分之间的关系，给人以安定、完整与平衡的感觉。图 7-32 为上海博物馆外立面采用对称手

图 7-32 上海博物馆外立面

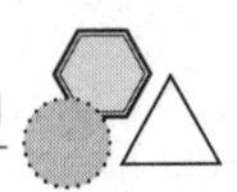

法的设计，采用青铜鼎的造型、方形基座、圆形实墙及屋顶，蕴含着“天圆地方”的意境。图 7-33 为杭州苏东坡纪念馆南立面，该立面及配景采用均衡的设计与表现手法。图 7-34 为某高层住宅楼立面，采用中轴对称的设计与表现手法。

图 7-33　杭州苏东坡纪念馆南立面

图 7-34　某高层住宅楼的立面

3. 节奏与韵律

节奏原指音乐中音响节拍轻重缓急的变化和重复。韵律原指音乐(诗歌)的声韵和节奏。建筑立面设计中的节奏与韵律往往是通过建筑立面上的某一造型、某一结构按一定的规律重复出现，从而形成视觉上的韵律美感。韵律可分为连续韵律、渐变韵律和交错韵律三种形式。图 7-35 为石材拱门的连续排列形成韵律感。图 7-36 为某建筑立面上的装

图 7-35　韵律感(1)

饰壁灯等距离的排列，形成重复的韵律感。图 7-37 体现了杭州六和塔塔身的渐变韵律。图 7-38 体现出了建筑立面元素交错排列所形成的韵律感。

图 7-36　韵律感(2)

图 7-37　韵律感(3)

图 7-38　韵律感(4)

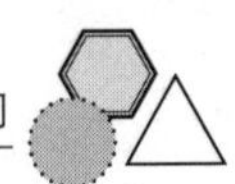

4. 比例与尺度

建筑的比例是指建筑大小、宽窄、高矮、厚薄、深浅之间的比较关系：它包括建筑各部分之间的比较关系和建筑局部与整体之间的比较关系。建筑的尺度主要是指建筑与人体之间的大小关系以及建筑局部与人体之间的大小关系，如图 7-39 所示。

(a)

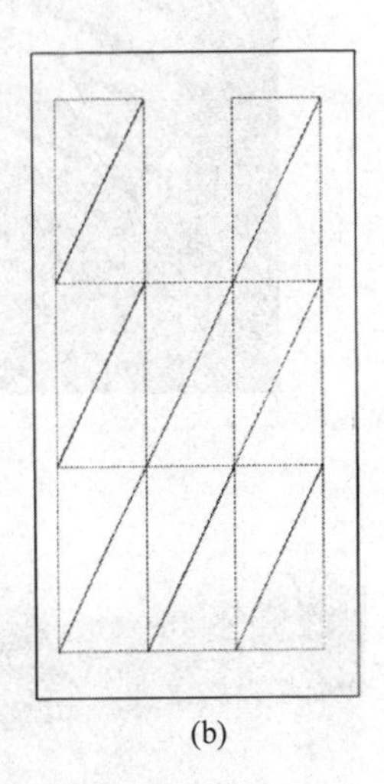
(b)

图 7-39　法国巴黎圣母院大教堂主立面及比例关系

巴黎圣母院大教堂坐落于法国巴黎市中心的西堤岛上，是一座典型的哥特式风格大教堂，水平与竖直的比例近乎黄金比 1：0.618，立柱和装饰带把立面分为 9 块小的黄金比矩形。

（四）建筑立面中的细部处理

建筑立面中的细部包括雨篷、阳台、门窗、凹廊等。这些凹凸起伏的细部增强了建筑立面的体积感和视觉层次感。

1. 雨篷

雨篷位于建筑物入口处，具有挡风和丰富建筑立面造型的作用，同时给人们很强的识别性和引导性。

雨篷采用悬臂梁结构形式，以支撑、吊拉、构架、特殊造型等形式出现，其长度、距地面的高度、厚度与建筑入口空间、建筑层高、雨篷材料和形式有关。

目前，市场上普遍使用的雨篷材料是 PC 板，该材料透光率高达 89%，重量仅为玻璃的 50%，有较好的阻燃性、可弯曲性、节能性和抗冲击性，隔声效果明显，不易碎，抗老化。雨篷形式分为两种，一是悬板式；二是梁板式。前者外挑长度为 0.9～1.5m，后者多用于影剧院、商场等建筑主要出入口，如图 7-40 所示。

2. 阳台

阳台在建筑立面中主要起到塑造光影效果、增强虚实变化、丰富建筑立面层次的作用。阳台的长度根据房间面积与房间性质确定。阳台宽度应以 1～1.5m 为宜，如图 7-41

所示。

图 7-40　PC 板雨篷

图 7-41　用石材和铁艺砌筑的阳台

3. 门窗

建筑外立面所呈现出的门一般为外门，根据门扇的开启方式，可将门分为平开门、弹簧门、推拉门、折叠门、转门、卷帘门、升降门等。根据门框制作材料划分，门分为铝合金门、塑钢门、彩板门、木门、钢门、玻璃钢门等。

窗是建筑外立面上的主要构件，其造型丰富，根据开启方式分为平开窗、固定窗、悬窗和立转窗、推拉窗、百叶窗等。选用怎样的开启方式和开窗面积多大，应根据房间的使用要求来定。根据窗框制作材料划分，窗分为铝合金窗、塑钢窗、彩板窗、木窗、钢窗等。根据窗的层数划分，窗分为单层窗和双层窗，如图 7-42 和图 7-43 所示。

4. 凹廊

凹廊是外廊的一种形式。凹廊是指廊的外侧与外立面齐平或缩进外立面的廊。凹廊可起到丰富建筑立面层次感的作用，如图 7-44 所示。

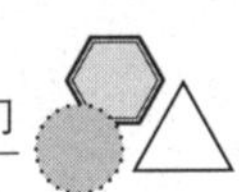

图 7-42　某古建筑外立面上的门窗

图 7-43　某现代建筑外立面上的窗

图 7-44　某教学楼方案中的凹廊

参考文献

[1] 白涛.新思维手绘表现[M].天津：天津大学出版社，2006.

[2] 沈福煦.建筑概论[M].上海：同济大学出版社，2003.

[3] 陈志华.外国建筑史[M].3版.北京：中国建筑工业出版社，2005.

[4] 陈新生.手绘室内外设计效果图[M].合肥：安徽美术出版社，2006.

[5] 范凯熹.建筑与环境模型设计与制作[M].广州：广东科技出版社，2002.

[6] 弗朗西斯.建筑：形式·空间和秩序[M].邹德侬，方千里，译.北京：中国建筑工业出版社，1997.

[7] 郎世奇.建筑模型设计与制作[M].北京：中国建筑工业出版社，2005.

[8] 罗小未.外国近现代建筑史[M].北京：中国建筑工业出版社，2005.

[9] 罗文媛.建筑设计初步[M].北京：清华大学出版社，2005.

[10] 林源.古建筑测绘学[M].北京：中国建筑工业出版社，2003.

[11] 黎志涛.建筑设计方法入门[M].北京：中国建筑工业出版社，2004.

[12] 黎志涛.快速建筑设计100例[M].南京：江苏科学技术出版社，2003.

[13] 刘宇，马振龙.现代环境艺术表现技法教程[M].北京：中国计划出版社，2006.

[14] 彭一刚.建筑空间组合论[M].北京：中国建筑工业出版社，2004.

[15] 潘谷西.中国建筑史[M].2版.北京：中国建筑工业出版社，2004.

[16] 宋晓波，王晓芬.艺术设计造型基础[M].北京：化学工业出版社，2006.

[17] 田学哲.建筑初步[M].2版.北京：中国建筑工业出版社，2003.

[18] 王志伟，李亚利，苗立，等.园林环境艺术与小品表现图[M].天津：天津大学出版社，2005.

[19] 俞挺，戎武杰，邓威.草图中的建筑师世界[M].北京：机械工业出版社，2003.

[20] 周立军.建筑设计基础[M].哈尔滨：哈尔滨工业大学出版社，2003.

[21] 张汉平，种付彬，沙沛.设计与表达[M].北京：中国计划出版社，2004.

[22] 张举毅，徐磊.建筑画[M].太原：山西人民美术出版社，2005.